植保机械及应用

董红强　李　平　兰海鹏　主编

中国农业大学出版社
·北京·

内 容 简 介

《植保机械及应用》可作为高等院校植物保护专业、森林保护专业以及卫生防疫等专业的相关课程教材，也可供从事相关专业的师生及科研和工程技术人员使用。本教材以常见的植保机械为素材，结合实际生产，突出施药技能培训，规范机械施药技术，图文并茂，言简意赅，通俗易懂。全书共分三篇：第一篇农药及施药技术，介绍了农药的特性、剂型及其配套施药方法；第二篇植保机具，介绍了主要型式和特点，分别对各种植保机械的结构、工作原理、操作与使用方法、常见故障判断与排除做了说明，包括背负式手动喷雾器、喷杆喷雾机、静电喷雾机、航空植保机械等；第三篇机械施药技术规范，介绍了不同喷雾器械施药前技术准备、施药中技术规范以及施药后维护处理。针对书本内容，共编写了 10 个实验指导作为附录部分。

图书在版编目（CIP）数据

植保机械及应用/董红强，李平，兰海鹏主编. —北京：中国农业大学出版社，2018.4（2024.2重印）

ISBN 978-7-5655-2000-6

Ⅰ.①植…　Ⅱ.①董…　②李…　③兰…　Ⅲ.①植保机具-教材　Ⅳ.①S49

中国版本图书馆CIP数据核字（2018）第 060758 号

书　名　植保机械及应用

作　者　董红强　李　平　兰海鹏　主编

策划编辑　赵　中　李卫峰　　**责任编辑**　张　玉

封面设计　郑　川

出版发行　中国农业大学出版社

社　址　北京市海淀区圆明园西路 2 号　　**邮政编码**　100193

电　话　发行部 010-62818525，8625　　读者服务部 010-62732336

编辑部 010-62732617，2618　　出　版　部 010-62733440

网　址　http://www.caupress.cn　　**E-mail** cbsszs@cau.edu.cn

经　销　新华书店

印　刷　河北虎彩印刷有限公司

版　次　2018 年 4 月第 1 版　2024 年 2 月第 2 次印刷

规　格　787×1092　16 开本　14.25 印张　260 千字

定　价　45.00 元

前言

Preface

我国是一个发展中国家，以占世界7%的耕地面积养活约占着世界上22%的人口，任务十分艰巨，因而，大力发展农业是国民经济的首要任务。农作物病、虫、草害的防治是农业稳产、高产的保证，我国化学防治面积在农作物病、虫、草害防治中占有重要的地位，是农作物有害生物综合治理的重要组成部分。在可预见的历史时期内，化学防治技术仍将是我国农业病、虫、草害防治的重要武器。目前，我国化学防治的面积超过30亿亩次，每年都有上百万吨农药制剂、近亿吨药液喷洒到农田中，为农业的稳产高产提供保证。农药的使用是目前最为常见的农事活动之一，也是每个从事农业生产的劳动者都需要掌握的一门技术。因此，掌握正确的施药技术，规范化施药是病、虫、草害防治中一个核心问题。植物保护机械通常是指施用化学药剂防治农业病、虫、草害的机具。它与耕、耙、播、收等农业机械相比，问世较晚，但由于它是防除有害生物确保农作物丰收的有力武器，也是保护森林、果树、牧草等作物不可缺少的机械，因而在农、林、果、牧业生产中占有相当重要的地位。近年来获得了迅速的发展，新的施药手段、新的机型也不断出现。广大农户越来越高度重视和依赖植保机械，植保机械的使用已大量普及。如何正确使用植保机械，使其发挥最大的效用，做到节药、高效，并保证施药人员的安全，是摆在广大农户面前的极其重要和迫切需要解决的现实问题。为此，我们编写了本书。书中对植保机械的基本原理和基本结构进行了分析，重点介绍了各种植保机械的型式、构造、特点、调整、使用技术规程、维护保养和故障排除，并附有大量插图，力求使读者一目了然。通过对此书的阅读，能使广大农户对植保机械有全面的了解，并为他们选购和正确使用植保机械提供帮助。

本书是由塔里木大学几位多年从事农药应用、农业机械化及其自动化教学的学者共同完成的。其中，第一篇由董红强撰写；第二篇由李平撰写；第三篇由兰海鹏撰写；试验部分由董红强撰写。董红强进行了初稿文字整理工作。全书由李平修改定稿。

本书在编写过程中查阅和参考了大量的文献资料。在此向原作者表示衷心的感谢。由于植保机械及应用的实践教学，受机械性能、环境条件、实践技能等诸多因素的影响，因此本书所介绍的施药方法还有很大的局限性，再加上我们水平所限，书中疏漏之处，欢迎批评指正，以使之臻于完美。

编　者

2018 年 1 月

目　录
Contents

第四篇 实验 /183

第一篇

农药及施药技术

第1章 农药使用的安全问题

人类农业发展的历史就是与农作物病、虫、草害斗争的历史。远古时代，人们把农作物病、虫、草害的发生看作是上天的惩罚，就用拜虫、祭祖、祷告等迷信方式祈求上天把灾害带走，风调雨顺；随着农业生产经验的积累，人类逐渐懂得了用火烧、轮作、中耕等措施来防治病、虫、草害，并逐渐发明了无机农药来防治农作物病、虫、草害。19～20世纪，随着现代科学的迅速发展和农业科学家的辛勤工作，人们对农作物病、虫、草害的发生规律有了清楚的认识。20世纪40年代后，化学农药得到了迅速的发展，一大批高效、超高效、低毒农药投放到市场，为农作物病、虫、草害的防治提供了保障。与此同时，施药技术理论也得到了发展，控滴喷雾、低容量喷雾、超低容量喷雾、气流辅助、静电喷雾、生物最佳粒径、无人机低空施药等技术理论开始应用到农作物病、虫、草害防治中来；水肥药一体化、飞机施药、风送式果园喷雾机、背负式气力喷雾机、超低容量喷雾机在世界各地得以推广应用，化学防治技术在农作物病、虫、草害防治中发挥了越来越重要的作用，农药的使用对世界粮食的稳产高产提供了保障。

第一节　农药对农业生产的促进作用

回顾21世纪初世界粮食生产发展过程，不难发现，在这十几年中，世界粮食生产发生了巨大的变化。世界粮农组织（FAO）统计资料表明（图1-1），2005—2010年间，世界粮食产量由930 kg/hm^{2}提高到1 005 kg/hm^2，平均每年增长15 kg/hm^2；从2010—2015年间，世界粮食产量由1 005 kg/hm^{2}提高到3035 kg/hm^2，平均每年增长406 kg/hm^2，增长幅度是前5年的27倍。FAO在评价20世纪50年代以后粮食增产时，认为化学物质的投入（农药、化肥）的贡献率占到40%，诺贝尔和平奖获得者小麦育种学家Norman.E.Borlaug这样评价到：“没有化学农药，人类将面临饥饿的危险”，可见，化学农药对人类农业生产的作用。

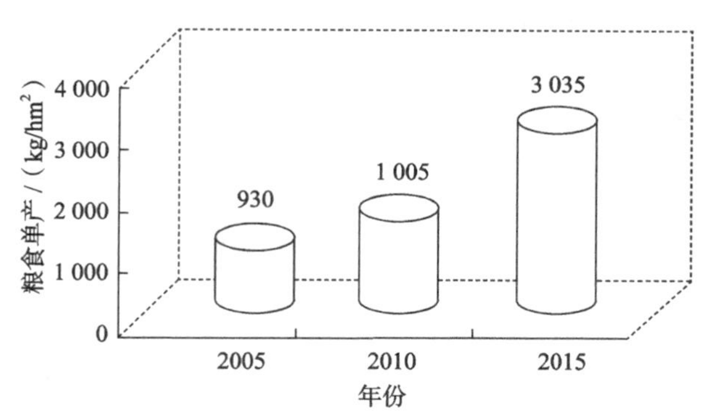

图 1-1　21 世纪初世界粮食单产的增长

同样，由于农药的投入，并伴随着机械化程度的提高，把农民从繁重的田间中耕锄草、扑打害虫等农事劳动中解放出来，农民的生产效率日益提高；这样，就减少了社会中从事农业生产的人数，为现代化社会经济的发展提供了劳动力资源的保障。图 1-2 数据简单描述了一百多年来美国农民生产能力的变化。最近几十年，一个农民生产的粮食、蔬菜可以供养的人数成倍增加，人类的农业生产迅速飞跃，这些成就里面包含着农药使用的贡献。

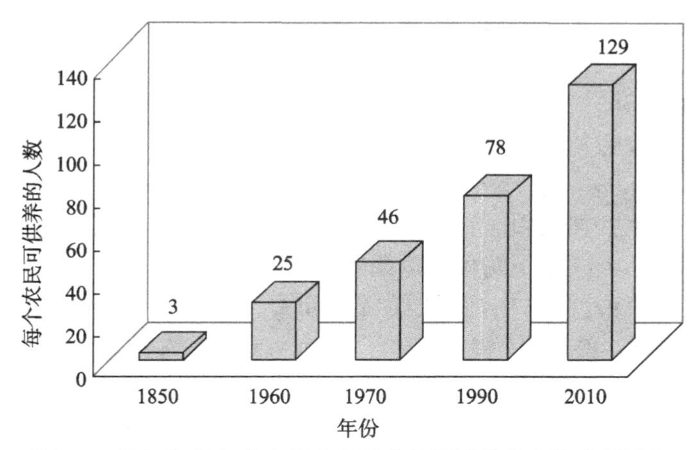

图 1-2　不同年代每个农民生产的食物可供养的人数（美国）

中国是一个人口大国，以世界 7% 的耕地养活世界上 22% 的人口，任务十分艰巨，因此，粮食高产稳产是我国经济稳定的根本。新中国成立初期，我国农药使用量很少，只有 30 t，2010 年化学农药使用量超过 70 万 t 剂（图 1-3）。在此历史时期内，2010 年粮食总产量为 5.48 亿 t，比 1950 年的 1.13 亿 t 增加了 3.3 倍；棉花总产 383 万 t，增加了 7.7 倍；水果产量 6 238 万 t，增加了 51 倍；蔬菜产量达到了 4 亿多 t。这些简单的数据说明了化学农药的使用对我国农业生产的保驾护航作用。

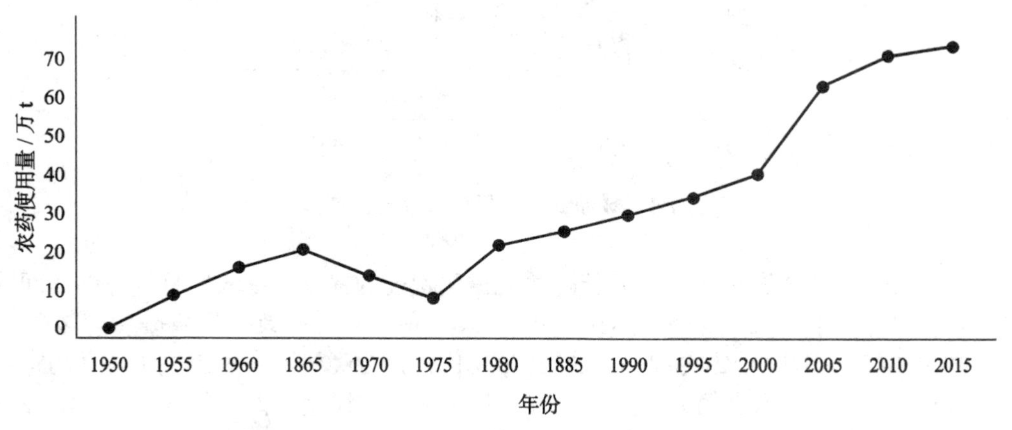

图 1-3　新中国成立后，我国农药使用量的变化

第二节　农业的可持续发展与农药的关系

随着世界人口的快速增长，当今世界对粮食和农副产品数量和质量需求的日益提高，并且面临短缺的严峻形势。但是，农业生产的发展不能以牺牲资源和环境为代价。因此，进入 21 世纪后，“可持续发展（sustainable development）”已经成为人类遵守的共同纲领。我国政府对此做出积极响应，把“可持续发展”和“科教兴国”确定为 21 世纪两大基本国策。农业生产是我国“可持续发展”的基础，我们不仅要用占世界 7% 的耕地养活占世界 22% 的人口，而且还将面对每年人口增加 1 500 万、耕地面积减少 40 万 ~ 46.7 万 /hm^2 的严峻挑战，因此，“可持续发展（sustainable development）”成为我国 21 世纪农业的主题。可持续农业必须依靠“可持续植物保护（sustainable crop protection，SCP）”或“农田有害生物可持续治理（sustainable pest management，SPM）”。农药作为现代植物保护技术中绝不可缺的重要物资，为农业可持续发展提供了保障。目前，我国每年都有近百万吨农药制剂、上亿吨的药液喷洒到寄主植物上或环境中。农药安全使用仍将是以后几年我国植物保护不得小视的问题。

现代农业生产已经进入了发展高产、优质、高效益农业的新阶段。而在实现“三高”农业的各种实践中，与病虫草等有害生物的斗争仍是最复杂多变、艰巨而持久的任务之一。虽然人类科学文明的发展使我们与有害生物斗争的手段不断提高，但是有害生物也在不断适应新的环境，继续危害农作物，不因我们的科学发达而退出历史舞台。

据联合国粮农组织（FAO）统计，世界各国每年因病、虫、草害造成的农作物产量损失高达700亿~900亿美元，约占粮食总产量的1/3，其中因病害损失10%，因虫害损失14%，因草害损失11%。我国对于各种病虫害为害所造成的损失，一般估计粮食作物因病虫害损失约为总产量的10%，棉花损失20%，果树、蔬菜损失40%。

我国统计资料表明，全国发生的农作物主要病、虫、草、鼠害有1 648种，其中害虫838种、病害742种、杂草64种、农田害鼠22种（据《中国农作物病虫害》第二版）。20世纪90年代我国平均每年发生农作物病、虫、草、鼠害1.87亿 hm^2 次（据全国农业技术推广服务中心资料）。如不进行防治，每年将损失粮食15%左右、棉花20%~25%、果品蔬菜25%以上（据《植物医生手册》）。21世纪以来，由于全球性气候异常和国内耕作制度改变等原因，促使病虫草害在我国进入了一个发生高峰期，棉铃虫、小麦条锈病、赤霉病、稻瘟病、稻飞虱、棉黄萎病等频繁大面积发生；小麦吸浆虫，麦蚜，稻、麦纹枯病，稻螟，玉米大、小斑病，病毒病，大豆胞囊线虫病及农田鼠害等都有明显加重的趋势；暴发性害虫草地螟、黏虫和蝗虫等在有些地区再度猖獗。这期间，全国年平均病虫草鼠害发生面积扩大到2.36亿 hm^2 次，增大迅速。1989—1992年在大面积防治条件下，仍年均损失粮食1 175万t、棉花31.5万t（据全国农业技术推广服务中心资料）。由此可见，同农作物有害生物作斗争的重要性和艰巨性。

据统计，21世纪初全国平均每年发生农业病虫害面积2.5亿 hm^2 次，防治面积为2.7亿 hm^2 次，其中使用农药进行防治占90%以上，经防治每年挽回粮食损失约4 000万t，棉花170万t；平均每年药剂除草0.42亿 hm^2，挽回粮食损失900万t；平均每年药剂灭鼠0.2亿 hm^2，挽回粮食损失370万t。另外，植物生长调节剂在棉花、小麦、水果上的应用，对棉花、小麦的保产、增产，水果的高产、优质也起了重要作用。

随着我国加入世界贸易组织（WTO），农产品国际化成为必然趋势。农业生产中，特别是食叶类蔬菜和水果，一旦发病或遭受虫害，其食用价值和商品价值就已经受损而无可挽回，例如，韭菜灰霉病、苹果食心虫等。加入WTO后，生产无污损的作物产品是贸易的基础，因此，在可预见的历史时期内，我国农业的可持续发展还得靠农药保驾护航。

第三节　使用农药的危害和问题

我国是一个农药生产使用大国，农药品种超过300种，原药生产能力达100万t，农药制剂年产量已达150万t（2015年，农业统计年鉴），居世界第二位。农药的使用为我国每年挽回3 600万t粮食，150万t棉花，为我国农业生产的发展做出了重要贡献。但是，由于农药本身是一类有毒化学物质，再加上我国各地普遍存在对农药安全使用问题重视不够、缺少农药安全使用规范等问题，认为农药使用只是个简单的称量、配制的药物学问题，农药使用技术水平低，安全意识差，田间施药仍停留在大容量、大雾滴喷雾技术水平上，施药机具落后，农药有效利用率只有20%～30%，远低于发达国家50%的平均水平，喷洒的大部分农药流失到环境中，造成了环境污染和人畜中毒，带来了严重的安全问题。

一、作物药害

农药的使用是为了防治农作物病虫草害，但若使用不当，常常造成作物药害，作物药害主要表现在除草剂的安全使用上。随着我国化学除草技术的发展，我国化学除草剂使用面积发展很快，目前已经达到6亿亩次。但由于农作物与杂草都是绿色植物，都是靠光合作用维持生长生存的，而除草剂的主要作用机理便是抑制光合作用，因此，除草剂使用技术要求很严格。但是，我国农业是以小农种植方式为主，各种农作物在田间交错分布。在除草剂喷洒时，特别是像2，4-D、二甲四氯等除草剂品种，由于操作不规范，例如，喷雾压力过大，小雾滴数量多，喷雾时风速过大等原因都会引起雾滴飘移造成邻近作物药害，不仅造成作物减产，还经常引起邻里纠纷。另外，除草剂使用中，像均三氮苯类（阿特拉津）、长残效磺酰脲类（甲磺隆）等，由于剂量过大，或者喷雾不匀造成局部地块除草剂残留超标，也会引起后茬作物的药害。

二、环境污染

目前，我国农药使用技术水平普遍落后，使用的农药只有少部分能沉积分布到靶标生物上，70%～80%的农药流失到土壤、田水或飘失到环境中，造成了严重的环境问题。由于农药流失，在北京的河流中监测到敌敌畏和毒死蜱，地下水中监测到异丙甲草胺。农田土壤对农药的吸附有一定的容量，当不断重复使用某农药时，其在土壤中不断积累，当土壤吸附接近或达到饱和时，就会对生态环境构成潜在的危害，形成“定时炸弹”。农药雾滴飘移污染环境，也会对其他产业造成破坏，例如，杀虫双、菊酯类杀虫剂等对家蚕毒力很强，我国南方养蚕地区，由于水稻田喷洒这些农药时，农药雾滴飘移污染了邻近的桑树，被污染的桑树叶饲喂蚕造成蚕大量死亡的事故年年发生。

三、农产品残留超标

由于滥用剧毒高毒农药造成残留超标是带来农产品安全问题的重要因素，限制了我国高效农业、创汇农业的发展。在出口欧盟的茶叶中，检测到了氰戊菊酯、硫丹、林丹等农药，损害了我国茶叶质量的声誉，严重影响了茶叶出口。浙江农业大学对市场和食堂蔬菜进行了检测，氟虫腈的检出率达到90%。上海市检测结果表明，部分蔬菜敌敌畏超出限量标准。河南省部分大米、小麦个别样品中对氧化乐果、甲拌磷分别超出残留限量。

四、人员中毒

农药中毒方式分为生产性中毒和非生产性中毒，这里主要分析生产性中毒，生产性中毒是由于人类生产活动所造成的中毒现象。在农药使用过程中由于技术落后、自我保护意识不强、乱用滥用、不规范操作等原因，酿成农药使用者中毒事故屡屡发生，特别是在高温季节棉田、果园喷雾作业更加危险。2004 年山东招远县农药使用中毒现象发生 1 000 余人次。2005 年电视报道福建某地果农在对 3 m 高的橘树喷洒剧毒农药时，由于采用背负手动喷雾器在树下逆风操作，人在喷雾过程中完全处于雾滴云的笼罩下，再加上没有安全防护，两位果农不幸中毒死亡。类似事故每年在我国都发生多起。这主要与我国农药使用技术落后，施药器械跑冒滴漏严重，再加上没有采取正确的防护措施有关。

五、有害生物抗药性

一种农药在同一种病虫草上反复使用，经过一定时间后，药效就明显减退，甚至几乎无效，迫使农民不得不增加药量和用药次数，这样又恰好加速了有害生物抗药性的产生。至今，至少有 500 多种昆虫及螨、150 多种植物病原菌、185

种杂草生物型、2 种线虫、5 种鼠及 1 种柳条鱼产生了抗药性。随着抗药性发展速度加快，对病虫害草等有害生物防治面临着严峻挑战。

六、农田生态平衡遭破坏

农药大量杀伤天敌，破坏生态平衡，造成目标害虫再猖獗和次要害虫上升为主要害虫，使害虫大发生频率增加。我国 20 世纪 50 年代中期开始，在苹果树上大面积使用滴滴涕和 1605 防治桃小食心虫，结果桃小食心虫虽得到控制，但由于杀死了叶螨的天敌，使叶螨成了主要害虫。丹麦和荷兰分别制定和实施了 1997—2000 年间减少农药使用量 50%的“行动计划”和“长期作物保护规划”。我国也制定了《农药安全使用规定》《农药安全使用标准》《农药登记规定》等相关法规和标准，限制部分剧毒农药的使用。同时，农药产业中源于天然物的生物农药越来越受到人们的重视。20 世纪 90 年代开始，世界生物农药的年产值每年上升 10% ~ 20%。我国生物农药的防治面积 1970 年时为 120 万亩次，1993 年已发展到 3 亿亩次。

第四节　我国施药技术的不足

我国的农药生产和使用虽然只有 60 余年历史，但在国家和企业重视下发展很快。相对农药的快速发展，施药机具和施药技术手段却没有得到足够的重视和相应的发展。目前，我国施药器械社会保有量达 8 800 万台（架），年供应量达 705 万台（架），其中手动喷雾器社会保有量就 8 400 万台（架），占施药器械社会保有量的 95% 以上，占病虫草害防治面积的 60% ~ 70%；背负式气力喷雾机社会保有量达 330 万台，占施药器械数量的 3.7%，占防治面积的 5% 左右；拖拉机悬挂或牵引喷雾机有 1.6 万台，占防治面积的 5% 左右。我国施药机械的结构决定了我国施药技术以大容量、大雾滴喷雾技术为主。这种施药技术现状是造成农药使用中负面影响的重要原因之一，我国施药技术存在的主要问题如下。

一、农药安全使用知识缺乏

病虫害防治中，片面追求速效性，滥用高毒剧毒农药，例如，不少地区常把只能土壤撒施或拌种的呋喃丹颗粒剂用来做喷雾法使用，虽然防治效果好，却很不安全。农药使用中，不注意环境条件，在风速较大的情况下仍在田间喷施农药，造成环境污染，特别是在喷施 2，4-D 等敏感除草剂时，容易引起邻近作物药害，引起邻里纠纷。

二、农药使用中靶标针对性差

农药使用的目标是害虫、杂草或作物，这些生物靶标在农药喷施中并不是被动的接收者，而是有其主动选择捕获性。小麦、水稻叶片在农药喷雾中有“叶尖优势现象”，飞翔中的黏虫对细雾滴捕获能力是大雾滴的 1.5 倍，理化特性相同的药液在不同作物叶片上的接触角差异明显。以上这些研究说明在病虫草害的防治中应根据“生物靶标适应性原则”选用不同的使用技术。纵观我国目前现状，农药使用中没有考虑生物靶标的“特殊性”，不论植株高低，不论病、虫、草害种类，一种空心圆锥雾喷头包打天下；同一表面特性的药液，既用于叶片润湿性较好的棉花，也用于叶片很难湿润的水稻，造成药液流失严重，违背了“生物最佳粒径原理”和“靶标适应性原则”。

三、农药使用中流失严重

我国各地习惯于大雾滴、大容量喷洒药液，强调药液从植株叶片上开始流淌为喷雾均匀的指标，过分强调水的作用，稀释倍数成为农药使用说明的主要内容。实际上，水在农药喷洒过程中主要起“载体”的作用，即把药剂均匀地分散并运载到靶标生物体上。研究表明，采用低容量喷雾技术喷施除草剂，施药液量为 60 L/hm^2，只是常规施药液量的 1/10，却能够取得同样的防治效果。大量田间试验研究说明，降低施药液量，不会降低防治效果。根据农药使用技术原理和喷头雾化性能的差异，同一药剂采用不同喷雾技术，配制的药液浓度应该有差异。田间测定表明，我国农药使用中有效利用率只有 20%～30%，70%～80% 的药剂流失到环境中。

由上可见，农药使用中的问题并不完全是由于农药本身，与施药技术有密切联系。如果从农田平均单位面积用药量来比较，以色列、意大利、日本的用药量远远超过我国，仅日本就比我国高 6～7 倍。尽管日本的平均用药量比我国高 6～7 倍，其农药中毒事故远低于我国；其农产品中的农药残留水平全部符合法定允许检出量，英、美、法、德及以色列等国的情况也相似，这些国家对施药手段和施药规范都给予了高度重视并制定有相当严格的管理制度和相应的法规。由此可见，我国化学防治中出现的种种问题并不是农药使用太多，而是使用技术不完善，缺少施药规范和严格可行的管理制度。在这些因素中，施药技术规范是我国特别薄弱的一环，只有农药使用中逐步实现规范化，农药在化学防治中所表现的负面影响才能得到有效控制，化学防治的效果和效益才能够大幅度提高。

农药是一把双刃剑，一方面可以通过控制农作物病、虫、草害为粮食增产、稳产提供技术保证；另一方面假如使用不当，农药就会造成各种安全问题。农药使用产生的一些负面影响已经通过农药使用技术的长足发展而逐步得到了解决，这在发达国家已经得到了证实。在国际上，发达国家的农药使用技术已经进入“机械化 + 电子化”时代，而我国农药使用技术水平在许多方面还落后于其他一些发展中国家。所以，我国应重视农药的安全使用问题，重视农药使用技术的研究工作，提高农药安全使用技术水平，提高农药有效利用率，促进农药的可持续发展，建立适合我国国情的安全施药技术规范，从“使用”上解决农药使用的负面影响，保证我国植保工作的健康发展。

第2章

施药技术的基本原理

第一节　农药的作用方式与施药技术

农药到达作用部位的途径和对有害生物靶标（害虫、病原物、杂草等）发挥生物效果的方式，称为农药的作用方式。农药的作用方式有多种，只有掌握了每一种农药的作用方式，才能做到对症下药，科学使用。例如，有内吸作用的农药在一天的傍晚或清晨内吸作用比较强，尤其是傍晚最强，这是因为傍晚时作物叶片和根系的生理吸水力最强，内吸药剂最好在傍晚前使用。因此，了解农药的作用方式对科学用药，提高防治效果与经济效益，减少对环境的污染都有重要的理论意义和实用价值。

一、杀虫剂的作用方式

杀虫剂要对有害害虫发挥杀虫作用，首先要求以一定的方式侵入虫体，到达作用部位，然后才是如何在害虫体内靶标部位起作用，这种杀虫剂侵入害虫体内并到达作用部位的途径和方法称为杀虫剂的作用方式（mode of action of insecticide）。常规杀虫剂的作用方式有胃毒、触杀、熏蒸三种，对于无机杀虫剂和植物性杀虫剂，一种药剂通常只有一种作用方式；对于有机合成杀虫剂，除了以上三种作用方式，还有内吸作用，并且一种药剂通常兼有多种作用方式，如毒死蜱对害虫具有胃毒、触杀和较强的熏蒸作用。特异性杀虫剂的作用方式有引诱、忌避与拒食、不育、调节生长发育等多种。

1. 触杀作用（action of contact poisoning）

药剂通过害虫表皮接触进入体内发挥作用使害虫中毒死亡，这种作用方式称为接触杀虫作用，简称触杀作用。具有触杀作用的杀虫剂称触杀剂，这是现代杀虫剂中最常见的作用方式，大多数拟除虫菊酯类及很多有机磷类、氨基甲酸酯类杀虫剂品种都有很好的触杀作用。

害虫表皮接触药剂有两条途径：一是在喷粉、喷雾或放烟过程中，粉粒、雾滴或烟粒直接沉积到害虫体表；二是害虫爬行时，与沉积在靶标表面上的粉粒、雾滴或烟粒摩擦接触。药剂与害虫接触后，就能从害虫的表皮、足、触角或者气门等部位而进入害虫体内，使害虫中毒死亡，以触杀作用为主的杀虫剂，如氰戊菊酯，对于体表具有较厚蜡质层保护的害虫如介壳虫常常效果不佳。无论是哪一条途径，触杀作用杀虫剂在使用时都要求药剂在靶体表面（害虫体壁和农作物叶片等）有均匀的沉积分布。研究表明，农药喷雾时害虫对细雾滴的捕获能力优于粗雾滴，另外，细雾滴在靶体叶片上的沉积分布也均匀，因此，触杀杀虫剂喷雾作业时应该采用细雾喷洒法。生物靶标表面的不同结构也会影响其与农药雾滴的有效接触，例如，介壳虫体表以及水稻、小麦等作物叶片，由于存在较厚蜡质层，较难被药液润湿，因此，采用喷雾法时还应采取措施，使药液对靶体表面有良好的润湿性能和黏附性能。

2. 胃毒作用（action of stomach poisoning）

药剂通过害虫口器摄入体内，经过消化系统发挥作用使虫体中毒死亡称胃毒作用，有胃毒作用的杀虫剂称胃毒剂。胃毒杀虫剂只能对具有咀嚼式口器的害虫发生作用，例如，鳞翅目（幼虫）、鞘翅目和膜翅目等害虫。敌百虫是典型的胃毒剂，药液喷洒在甘蓝叶片上，菜青虫嚼食菜叶就把药剂吃进体内，中毒死亡。胃毒农药是随同作物一起被害虫嚼食而进入消化道的，由于害虫的口器很小，太粗而坚硬的农药颗粒不容易被害虫咬碎进入消化道；与植物体黏附不牢固的农药颗粒也不容易被害虫取食。

胃毒杀虫剂在植物叶片上的沉积量及沉积的均匀度，与胃毒作用的效果相关。要充分发挥胃毒作用，从施药技术方面考虑，要求药剂在作物上有较高的沉积量和沉积密度，害虫只需取食很少一点作物就会中毒，作物遭受损失就比较小。

3. 内吸杀虫作用（action of fumigant posioning）

药剂被植物吸收后能在植物体内发生传导而传送到植物体的其他部分发挥作用，这种作用方式称为内吸杀虫作用。内吸作用很强的杀虫剂称为内吸杀虫剂，如乐果、克百威、吡虫啉等，内吸杀虫剂主要用于防治刺吸式口器的害虫，如蚜虫、蛾类、介壳虫、飞虱等，不易用于防治非刺吸式口器的害虫。

内吸作用可以通过叶部吸收、茎秆吸收和根部吸收等多种途径，所以，内吸药剂施药方式多样化。茎秆部吸收一般采取涂茎和茎秆包扎等施药方法，根部吸收则通过土壤药剂处理、根区施药以及灌根等施药方法，叶部的内吸作用则主要通过叶片施药方法。目前发现的内吸杀虫剂，大多是以向植株上部传导为主，称为“向顶性传导作用”。叶片处理的内吸杀虫剂很少向下传导，喷洒在植物叶片上的内吸杀虫剂，如果分布不均匀，往往也不能获得理想的杀虫效果。所以，并不是内吸药剂就可以随意喷药，也应注意施药质量。

4. 熏蒸作用（action of fumigant posioning）

药剂以气体状态经害虫呼吸系统进入虫体，使害虫中毒死亡的作用方式，称为熏蒸杀虫作用。典型的熏蒸杀虫剂都具有很强的气化性，或常温下就是气体（如溴甲烷、硫酰氟），熏蒸杀虫剂的使用通常采用熏蒸消毒法。由于药剂以气态形式进入害虫体内，因此，熏蒸消毒在施药技术方面有两方面的要求：①必须密闭使用，防止药剂逸失，例如，溴甲烷、氯化苦土壤熏蒸消毒时需要在土壤表面覆盖塑料膜，磷化铝粮仓消毒时需要整个粮仓密闭等。②要求有较高的环境温度和湿度，较高的温度利于药剂在密闭空间扩散，对于土壤熏蒸，较高的温湿度还有利于增加有害生物的敏感性，增加熏蒸效果。熏蒸消毒实施过程中容易造成人员中毒事故，因此，需要受过专门培训的技术人员操作实施。

很多杀虫剂并不局限于一种作用方式，常常是几种作用方式都起作用。对于取食植物叶片为主的害虫，例如，粉纹斜蛾，以胃毒作用为主；但对于棉铃虫这种取食棉铃幼蕾为主的害虫，害虫在植物叶片上爬行过程中，也能通过摩擦捕获药剂，此时触杀作用在害虫防治中也起重要作用，因此，对于这类害虫要选择兼有胃毒和触杀作用的杀虫剂，在施药过程中要求药剂沉积分布均匀，增加害虫捕获药剂的概率。

二、杀菌剂的作用方式

杀菌剂的作用方式（mode of action of fungicide）有两种，即为保护作用和治疗作用，非内吸性杀菌剂多为保护作用，内吸性杀菌剂多表现为治疗作用。

1. 保护作用（protective action）

病原菌侵染植物之前施用杀菌剂，由于植物表面上已经沉积了一层药剂，病原物就被控制而不能萌发、侵入，从而达到保护作物免受病原菌为害的目的，这种作用方式称为“保护性杀菌作用”，简称保护作用。具有这种作用的杀菌剂称为保护性杀菌剂。

保护性杀菌剂使用时要求在植物上黏着力强、持留期长，才能达到预期的目的。保护作用防治病害的施药途径有两种：一种是在病害侵染源施药，如处理带菌种子或发病中心；另一种是在病原菌未侵入之前在植物表面施药，阻止病原菌侵染。波尔多液、代森锰锌、百菌清等都是保护性杀菌剂。保护作用杀菌剂施药要求在病原菌侵染以前或侵染初期及时施药，施药要求药剂沉积分布均匀。露地施用保护性杀菌剂通常采用大容量喷雾法。温室、大棚等保护地施用保护性杀菌剂可以采用大容量喷雾法、低容量喷雾法、粉尘法、烟雾法等施药方法，根据种植作物、杀菌剂剂型、施药器械、气象条件选用。常用保护性杀菌剂保护性杀菌剂主要有以下几类：无机硫化合物，如石硫合剂等；铜制剂，主要有波尔多液，噻菌铜等；有机硫化合物，如福美双、代森锌、代森铵、代森锰锌等；抗生素类，如井冈霉素、春雷霉素、多氧霉素等；杂环类，如叶枯灵、叶枯净、百菌清、禾穗宁等。

2. 治疗作用（therapeutic action）

在病原菌侵染植物或发病以后施用杀菌剂，抑制病菌的生长或致病过程，使植物病害停止发展或使植物恢复健康的作用。根据作用部位的不同，治疗作用又分为表面治疗、内部治疗及外部治疗。①杀菌剂只能杀死附着于植物和种子表面的病菌或抑制其生长为表面治疗，例如，用硫制剂防治多种植物的白粉病，只要杀死叶面的病菌孢子就能达到治疗目的；②杀菌剂渗透到植物内部并传导到其他部位，抑制病菌的致病过程称为内部治疗，大部分内吸杀菌剂都具有此种治疗作用，在实际病害防治中主要依赖此种作用。③将被病原菌侵染的树干或枝条刮去病部，然后用杀菌剂消毒，再涂上保护剂防止病菌再次侵染，这种方法称为外部治疗，这种方法在苹果腐烂病防治中经常采用。

内吸治疗作用杀菌剂在使用上可以采用种子处理、土壤处理和叶面喷雾、喷粉等技术。内吸性杀菌剂多数具有保护和治疗的双重作用，治疗作用也要求杀菌剂与病原菌形成良好的接触，因此，在喷雾、喷粉过程中要求均匀的沉积分布并达到较高的沉积密度。内吸性杀菌剂主要有以下几类：苯并咪唑类，如多菌灵、甲基硫菌灵等；二甲酰亚胺类，如异菌脲、乙烯菌核利等；有机磷类，如异稻瘟净、三乙磷酸铝等；苯基酰胺类，如甲霜灵等；甾醇生物合成抑制剂类，此类杀菌剂包括丙硫菌唑、戊唑醇、己唑醇、苯醚甲环唑和氟硅唑和氟环唑、抑霉唑、咪鲜胺、三唑醇和三唑酮等；甲氧基丙烯酸酯类药剂，如嘧菌酯、吡唑醚菌酯、肟菌酯、醚菌酯、醚菌胺、啶氧菌酯、氟嘧菌酯、烯肟菌酯等，兼具保护作用和治疗作用，杀菌谱广。

三、除草剂的作用方式

除草剂的作用方式（mode of action of herbicide）有触杀除草和内吸输导两种。

1. 触杀除草作用

只能杀死杂草接触到除草剂的部位的作用方式，这种作用方式的除草剂称为触杀除草剂。触杀除草剂只能杀死杂草的地上部分，而对接触不到药剂的地下部分无效。因此，触杀除草剂只能防除由种子萌发的杂草，而不能有效防除多年生杂草的地下根、地下茎。例如，苯达松、草胺膦、百草枯等。其中，草胺膦、百草枯就是一种灭生性触杀除草剂，几乎任何植物的绿色部分接触到就可产生药害。

触杀除草剂可以采用喷雾法、涂抹法施药技术，施药过程中要求喷洒均匀，以便所有杂草个体都能接触到药剂，才能收到好的防治效果。

2. 内吸输导除草作用

药剂施用于植物或土壤，通过植物的根、茎、叶吸收，并在植物体内输导，最终杀死植物。例如，莠去津、氟乐灵、仲丁灵、异丙甲草胺、乙草胺等是内吸除草剂，可以茎叶喷雾，也可以土壤封闭处理；草甘膦、2,4-D 丁酯、二甲四氯、使它隆等有强烈内吸作用，可向顶性、向基性双向输导，施用于植物后可杀死植物的地上部分，也可杀死植物的地下部分，由于草甘膦接触土壤后很快失效，只能用作茎叶处理。

无论触杀作用和内吸作用，对施药技术都有如下要求：①药液对杂草叶片表面有良好的润湿能力，否则除草剂难以进入杂草体内，即使是触杀作用除草剂，如果不能渗入植物细胞，则不能表现杀草活性，因此，除草剂施用时通常需要加入表面活性剂；②喷雾过程中防止雾滴飘移引起的非靶标植物的药害，可以通过更换喷头、降低喷雾压力等措施减少细小雾滴的产生或采用防护罩等措施减少雾滴飘移；③喷雾均匀，避免重喷、滑喷，药剂在田间沉积量的变异系数不得大于20%，以保证防治效果、避免对后茬作物产生药害。

第二节　农药剂型与施药技术

农药是一类特殊的化学药物，农药原药一般不能直接施用，必须根据原药特性和使用的具体要求加工成某种特定的形式，这种加工后的农药形式就是农药剂型。农药剂型加工的最主要目的是“赋形”，即农药原药经过加工后便于流通和使用，同时又能满足不同应用技术对农药分散体系的要求。除此之外，随着人类科技进步和环保意识加强，降低使用毒性、减少环境污染、优化生物活性也成为农药剂型加工的主要原则。

农药剂型发展很快，根据最新国际剂型代码系统统计目前已有各种农药剂型近百种，常用的有几十种。按剂型物态分类，有固态、半固态、液态；按施用方法分类，有直接施用、稀释后施用、特殊用法等。为了叙述方便，下文将对主要的常用农药剂型按施用方法分类并就其施药技术进行阐述。

一、直接施用的农药剂型

这类农药剂型主要包括粉剂、颗粒剂、超低容量喷雾（油）剂等，使用前一般不须做什么处理，但要求特定的施药机械与施用方法。

1. 粉剂（dustable powder, DP）

粉剂是由农药原药、填料及少量助剂经混合（吸附）、粉碎至规定细度而成的粉状固态制剂。按照粉粒细度可分为 DL 型粉剂（飘移飞散少的粉剂，平均粒径 20 ~ 25 μm）、一般粉剂（通用粉剂，平均粒径 10 ~ 12 μm）和微粉剂（平均粒径小于 5 μm）。我国以通用粉剂为主，可以喷粉、拌种和土壤处理使用。

喷粉法是最常用的粉剂施用方法，主要是利用气流把药剂吹散使粉粒飘扬在空气中，然后再利用粉粒的重力作用沉落到防治对象上起作用。粉剂的喷施一般需要专用的喷粉器具，以形成足够的风力克服粉粒的絮结。由于喷粉法喷施的粉粒在空气中具有很强的飘翔能力，操作者必须戴口罩和穿防护服，喷施时还必须严格注意气象条件。粉剂最好在无风或相对封闭的环境（温室大棚）中施用。

拌种法也是一种常用的粉剂施用方法，主要利用干燥的药粉在处理种子表面形成均匀黏附，从而对种子起到保护作用。拌种法一般要求使用专用拌种机，并在相应速度下拌种，以形成药剂与种子的均匀黏附。

粉剂做土壤处理使用可分为撒施和沟施等方法。采用撒粉法，一般先用细干土将药粉稀释并结合土壤耕耘耙耥，以便于药剂与土壤混合均匀。采用沟施法，则要注意所用药剂与种子或作物的安全性。

粉剂一般不被水润湿，在水中很难分散和悬浮，所以不能加水喷雾使用。

2.（颗）粒剂（granule, G）

（颗）粒剂是由农药原药、载体、填料及助剂配合，经过一定的加工工艺而成的松散颗粒状固态制剂。按粒度大小分为大粒剂（粒度范围为直径 5 ~ 9 mm），颗粒剂（粒度范围为直径 1.68 ~ 0.297 mm，即 10 ~ 60 目）和微粒剂（粒度范围为直径 0.297 ~ 0.074 mm，即 60 ~ 200 目）。（颗）粒剂是对粉剂和喷雾液剂型的较好补充。由于粒度大，下落速度快，施用时受风影响小，可实现农药的针对性施用，如土壤施药、水田施药及多种作物的心叶施药等。另外，由于制剂粒性化，可使高毒农药制剂低毒化，使（颗）粒剂可以采用直接撒施的方法施用。尽管如此，施用时仍须做好安全防护，尤其是用手直接施用时，必须戴手套并保持手掌干燥。

农药（颗）粒剂有效含量一般较低（10% 以下），有效成分毒性一般较高，所以（颗）粒剂不能泡水喷雾施用。一方面容易导致操作者中毒，达不到应有的防效；另一方面也不能发挥（颗）粒剂使用简单、针对性强的剂型优势，还造成经济上的浪费。

3. 超低容量喷雾（油）剂（ultra low volume agents, ULVA）

超低容量喷雾（油）剂是以高沸点的油质溶剂为农药有效成分分散介质，添加适当助剂配制而成的一种特制油剂。主要以特殊的喷雾设备进行超低容量喷雾使用，一般具有较高的农药有效含量，目前为人所知的施用方法有地面超低容量喷雾、飞机超低容量喷雾和静电喷雾等。超低容量喷雾（油）剂的亩喷液量一般都在 100 mL 左右，分散雾滴直径以静电喷雾最小（35 ~ 45 μm），地面超低容量喷雾次之（70 μm 左右），飞机超低容量喷雾最大（80 ~ 120 μm）。所以，超低容量喷雾（油）剂配方中必须选用高沸点溶剂或加入抑蒸剂以避免细小雾滴挥发变小，必须采用专用的高质量的施药机具雾化以达到细小和均匀的雾滴。与其他超低容量喷雾（油）剂相比，静电油剂的配方中必须含有静电剂，施用时也必须使用静电喷雾机。

超低容量喷雾（油）剂中含有较多高沸点油质溶剂，不能做常量喷雾使用；一般不含或很少含乳化剂等表面活性剂成分，不能加水喷雾使用，以免对作物产生药害。

二、稀释后施用的农药剂型

这类农药剂型主要以加水稀释施用为主（我国目前还没有登记加有机溶剂稀释施用的农药剂型），主要包括乳油、可湿（溶）性粉剂、悬浮（乳）剂、水剂、水乳剂、微乳剂、水分散粒剂等。这类农药剂型的共同特点是：不管什么形态，使用前都必须加水稀释配制成药液，然后采用喷雾法施用。几乎所有农药原药都可以加工成喷雾剂型，而且根据剂型特点可适合于不同容量的喷雾方式。另外，这类制剂大多含有适宜的表面活性剂（乳化剂、分散剂、润湿剂等），配制药液时可以在水中较好分散和悬浮，施用后可以在靶体上形成润湿与黏着，这是其有效使用的基本前提。药液雾化并形成不同细度的雾滴喷洒到防治对象上，则主要取决于喷雾方法的选择和喷雾机具的性能。

由此可见，加水稀释后使用的农药剂型的施药技术比较复杂，必须根据剂型特点和使用技术的要求认真对待。

1. 乳油（emulsifiable concentrate, EC）

乳油是农药基本剂型之一，是由农药原药、乳化剂、溶剂等配制而成的液态农药剂型。主要依靠有机溶剂的溶解作用使制剂形成均相透明的液体；利用乳化剂的两亲活性，在配制药液时将农药原药和有机溶剂等以极小的油珠（1 ~ 5 μm）均匀分散在水中并形成相对稳定的乳状液。

乳油的乳化受水质（如水的硬度）、水温影响较大，使用时最好先进行小量试配，乳化合格再按要求大量配制。乳油对水形成的乳状液属热力学不稳定体系，乳液稳定性会随时间而发生变化，农药有效成分大多也容易水解。所以，配制药液需搅拌，药液配好要尽快用完，对于机动喷雾机喷雾，药液箱必须加装药液搅拌装置。

乳油大多使用挥发性较强的芳烃类有机溶剂，储运中必须密封，未用完的药剂也必须密闭保存，以免溶剂挥发，破坏了配方均衡而影响使用。另外，乳油一般不直接喷施，但可以加水稀释成不同浓度，以适用于不同容量的喷雾方式。

2. 可湿（溶）性粉剂（wettable powder & soluable powder, WP&SP）

可湿性粉剂是农药基本剂型之一，是由农药原药、载体或填料、表面活性剂（润湿剂、分散剂）等经混合（吸附）、粉碎而成的固体农药剂型。加水稀释可以较好润湿、分散并可搅拌形成相对稳定的悬浮液。可湿性粉剂加水配成悬浮液可供喷雾使用，但由于可湿性粉剂的粒子一般较粗（我国一般要求 95% 以上通过 325 目，即网眼直径 44 μm 的标准筛），药粒沉降较快，施用中更应该加强搅动，否则就会造成喷施的药液前后浓度不一致，影响药效。

可湿性粉剂的粉粒在高硬度水中可能会发生团聚现象，所以配制药液时必须考虑水质对可湿性粉剂悬浮性能的影响。

可湿性粉剂为固态农药制剂，配制低容量喷雾药液（一般药液量小于 2 L）时会显得黏度太大而不能有效喷雾，所以，可湿性粉剂一般只做常量喷雾使用。另外，可湿性粉剂一般添加比粉剂更多的助剂和具有更高的有效含量，尽管二者外观相似，但干粉状态可湿性粉剂粉粒的分散性较差，所以可湿性粉剂不能直接喷粉使用，储运或使用过程中也要注意防止吸潮，以免影响使用。

可溶性粉剂是在可湿性粉剂基础上发展起来的一种农药剂型，其农药原药必须溶于水，在形态和使用上与可湿性粉剂类似。

3. 悬浮（乳）剂（aqueous suspension concentrate, SC）

悬浮（乳）剂是一种发展中的环境相容性好的农药新剂型，是将水不溶性农药原药在助剂（润湿分散剂、增黏剂、稳定剂等）作用下经湿法粉碎或均质分散在水相介质中形成的极小油珠或微粒（我国要求 5 μm 以下）的悬浮体系。一般地讲，水不溶性固体原药形成的悬浮体系叫悬浮剂，水不溶性液体原药形成的悬浮体系叫悬乳剂，两种原药皆有的悬浮体系叫悬浮乳剂。

不管悬浮体系中农药原药的形态如何，悬浮（乳）剂的使用与乳油和可湿性粉剂类似，皆是加水稀释形成均匀分散和悬浮的乳状液，供喷雾使用，使用中的操作要求也与乳油和可湿性粉剂相似。但悬浮（乳）剂以水为分散相，可与水任意比例均匀混合分散，使用时受水质和水温的影响较小，使用方便且不污染环境，是比较理想的稀释后使用的农药剂型。

悬浮（乳）剂属于热力学不稳定体系，且大多是非牛顿流体，储运过程中影响制剂稳定性的因素非常复杂。目前，还很少有制剂储存不分层或不沉淀。所以，悬浮（乳）剂使用时必须进行外观检验，如有分层或沉淀经摇动可恢复，加水分散和悬浮合格，则仍可正常使用。

4. 水剂（aqueous solutions, AS）

水剂是由在水中溶解性好而且化学性质稳定的农药原药溶解在水中加工而成的液态农药剂型，加水稀释可以形成非常稳定的水溶液，供多种喷雾法使用。由于农药原药在水中溶解性很好而且稳定，所以药液配制时一般不会遇到什么问题。但是，由于我国水剂的加工一般不添加润湿助剂，喷洒后的药液对防治靶标润湿性差，容易造成药液流失，影响防效并污染环境，所以，水剂的使用应根据实际使用情况适当添加润湿助剂。

5. 水乳剂和微乳剂（EW & ME）

水乳剂（emulsion in water）是由不溶于水的农药原药溶于不溶于水的有机溶剂中形成的有机相在乳化剂的作用下分散在水中形成的乳状液。在外观及理化性状上类似于悬浮（乳）剂，属于热力学不稳定体系。贮存过程中，随温度和时间的变化，分散油珠可能会发生凝聚变大而破乳。在加水稀释施用时和乳油类似，都是以极小的油珠（1 ~ 5 μm）均匀分散在水中形成相对稳定的乳状液，供各种喷雾方法施用。

微乳剂（micro emulsion）是在较大量（一般在 20% 以上）乳化剂和辅助剂作用下，将不溶于水的农药有机相分散在水中（水包油型）或将水分散在不溶于水的农药有机相中（油包水型），形成极其微小的液珠（0.01 ~ 0.1 μm）而形成的外观透明或近乎透明的液态农药剂型。在一定温度范围内，微乳剂属于热力学稳定体系。超出这一温度范围，制剂就会变浑浊或发生相变，稳定性被破坏从而影响使用。在加水稀释施用时与水剂类似，入水自发分散并可形成近乎透明的乳状液。由于微乳剂使用了大量乳化剂和辅助剂，在水中分散的液珠又如此细微，所以微乳剂在使用中表现出了很高的药剂效力。

水乳剂和微乳剂都是为替代乳油而开发的水基化农药剂型，鉴于其较好的环境相容性，必将得到较大发展。

6. 水分散粒剂（water dispersible granules, WG）

水分散粒剂是由农药原药、润湿剂、分散剂、崩解剂、黏结剂等助剂和载体经一定的加工工艺制成的固态农药剂型。在水中可以较快地崩解、分散，并形成高悬浮的农药分散体系，供喷雾施用。

水分散粒剂是在可湿性粉剂和悬浮（乳）剂基础上发展起来的农药制剂粒性化新剂型，它避免了可湿性粉剂加工和使用中粉尘飞扬的现象，克服了悬浮（乳）剂储存与运输中制剂理化性状不稳定的问题。尤其对于高活性的除草剂，加工成水分散粒剂具有很高的使用价值。水分散粒剂外形像（颗）粒剂，具有粒剂的性能，但可以崩解、分散并悬浮于水中，使用上更像可湿性粉剂和悬浮（乳）剂。

三、特殊用法的农药剂型

除了以上两类常用农药剂型外，还有一些具有特殊用途的农药剂型。这类剂型种类有许多，但常用的主要有烟剂和种衣剂。

1. 烟剂（smokes）

烟剂是由农药原药、供热剂（氧化剂、燃料等助剂）等经加工而成的固态农药剂型。烟剂的施用主要依靠点燃后供热剂燃烧释放出足够热量，使农药原药升华或气化到大气中，冷凝后迅速变成烟（微粒细度 0.5 ~ 5 μm）或雾（微粒细度 1 ~ 50 μm），并在空气中长时间悬浮和扩散运动，从而起到防治病、虫害的目的。

烟剂的施用基本上不需要任何机械，而且农药有效成分以气体状态发挥作用，穿透性强，特别适合于相对密闭体系（如保护地）和野外不能喷洒农药的场所（如森林）。但在气流相对运动较大时，应避免施用烟剂，以免农药有效成分飘失。另外，烟或雾在较低温度条件下（如低温冷库）扩散能力减弱，所以烟剂在低温环境施用，要考虑烟或雾的扩散能力与施用空间的矛盾，以免影响药效。

2. 种衣剂（seed coating）

种衣剂是含有黏结剂或成膜剂的农药或肥料等的组合物。从农药剂型讲可以是特殊配方的悬浮（乳）剂、可湿（溶）性粉剂、粉剂、溶液制剂等，并不是一种农药新剂型。种衣剂的使用主要依靠配方中所含的黏结剂或成膜剂使药肥等有效物质包覆在种子表面形成比较稳定和牢固的膜，播种后药肥膜逐渐溶散在土壤中形成局部小环境，保护或促进种子的生长与发育。

目前我国常用的种衣剂大多为悬浮（乳）剂形式，储运过程中也同样存在制剂稳定性问题，而且种衣剂种类和型号很多，与种子之间的选择性或专用性很强，这是使用中必须首先注意的问题。

种衣剂为专供种子包衣配制，一般不做其他用途，施用时比较适宜于在种子公司采用专用种子包衣机械对种子进行成批处理。种子包衣要求均匀、牢固不脱落，包衣后的种子必须在规定的条件贮存，并在规定时间内使用。另外，种衣剂不能依靠加大使用剂量来延长其持效期。

农药剂型与施药技术的关系非常密切。一方面，不同的施药技术需要研究开发出相适应的农药剂型，同样是一种农药原药，例如百菌清，针对喷雾法和喷粉法的要求，就分别加工成了75%可湿性粉剂和5%粉（尘）剂；没有施药技术的要求，不可能研究开发出实用的农药剂型。另一方面，农药剂型的研究发展也促进了施药技术的发展，例如，雾滴蒸发抑制剂的使用，促进了低容量喷雾技术的应用；没有农药剂型做基础，很多施药技术也就不可能实现。随着施药技术和农药剂型的发展，农药剂型种类和用途也日益丰富，这里仅介绍了一些常用农药剂型与施药技术的关系。关于其他农药剂型，可以通过我国最新公布的农药剂型名称及代码了解，其施用技术可以参考相关产品标签和使用说明书。

第三节　喷雾法

农药的使用方法决定于农药的理化特性、生物靶标的行为特征、环境条件、施药器械的性能等多种因素。常用的农药使用方法有喷雾法（atomization）、喷粉法（dusting）、拌种法（seed dressing）、毒饵法（bait broadcasting）、熏蒸法（fumigation）、树干注射法（trunk injection）等多种形式。由于喷雾法是农药使用的最主要方法，本章主要介绍农药喷雾过程中的一些原理问题。

用喷雾机具将液态农药喷洒成雾状分散体系的施药方法称为喷雾法，是防治农、林、牧有害生物的最重要施药方法之一，也可用于卫生消毒等。喷雾技术分类方法很多，主要根据施药液量分为五大类：高容量喷雾法；中容量喷雾法；低容量喷雾法；很低容量喷雾法；超低容量喷雾法等。根据喷雾方式或所用机具的不同，有飘移喷雾法、定向喷雾法、泡沫喷雾法、循环喷雾法、空中喷雾法等。可根据作物种类和生长状态、农药种类和气象环境条件，选择合适的喷雾方法。

一、雾化原理

将液体分散到气体中形成雾状分散体系的过程称为雾化（atomization）。雾化的实质是被分散液体在喷雾机具提供的外力作用下克服自身表面张力，实现表面积的大幅度增加。雾化效果的好坏一般用雾滴大小（droplet size）表示。雾化是农药科学使用最为普遍的一种操作过程，通过雾化可以使施用药剂在靶体上达到很高或较高的分散度，从而保证药效的发挥。根据分散药液的原动力，农药的雾化主要有液力式雾化、离心式雾化、气力式雾化（双流体雾化）和静电场雾化4种，目前最常用的是前3种。

1. 液力式雾化（hydraulic atomization）

药液受压后通过特殊构造的喷头和喷嘴而分散成雾滴喷射出去的方法，这种喷头称作液力式喷头。其工作原理是药液受压后生成液膜，由于液体内部的不稳定性，液膜与空气发生撞击后破裂成为细小雾滴。液力式雾化法是高容量和中容量喷雾所采用的喷雾方法，是农药使用中最常用的方法，操作简便，雾滴粒径大，雾滴飘移少，适合于各类农药。最常使用的工农-16喷雾器、大田喷杆喷雾机等都是采用液力式雾化原理（图2-1）。

2. 离心式雾化（centrifugal atomization）

利用圆盘（或圆杯）高速旋转时产生的离心力使药液以一定细度的液滴飞离圆盘边缘而成为雾滴，其雾化原理是药液在离心力的作用下脱离转盘边缘而延伸称为液丝，液丝断裂后形成细雾，所以此法称为液丝断裂法。这种雾化方法的雾滴细度取决于转盘的旋转速度和药液滴的加速度，转速越高、药液滴加速度越慢，则雾化越细（图2-2）。

图2-1　液力式雾化

图2-2　离心式雾化

3. 气力式雾化（pneumatic atomization）

利用高速气流对药液的拉伸作用而使药液分散雾化的方法，因为空气和药液都是流体，因此也称为双流体雾化法。这种雾化原理能产生细而均匀的雾滴，在气流压力波动的情况下雾滴细度变化不大。手动吹雾器、常温烟雾机都是采用这种雾化原理。

二、雾滴粒径

液体在气体中不连续的存在状态称为液滴，农药使用中，药液经过喷雾器械雾化部件的作用分散形成的液滴称为雾滴（droplet）。从喷头喷出的农药雾滴并不是均匀一致的，而是有大有小，呈一定的分布。

（一）雾滴分布（droplet distribution）

在一次喷雾中，雾滴群的粒径范围及其分布状况称为雾滴分布，也称为雾滴谱（droplet spectrum）。可用雾滴累积分布曲线或雾滴分布图表示（图 2-3）。雾滴分布的集中或分散状况，称为雾滴分布均匀度，用数量中径与体积中径比值（NMD/VMD）表示。雾滴过小容易飘失，过大则容易滚落、流失，因此，雾滴分布中只有部分粒径合适的雾滴能发挥生物效果，称为有效雾滴。雾滴谱窄，说明喷头雾化均匀，有助于生物效果的发挥。

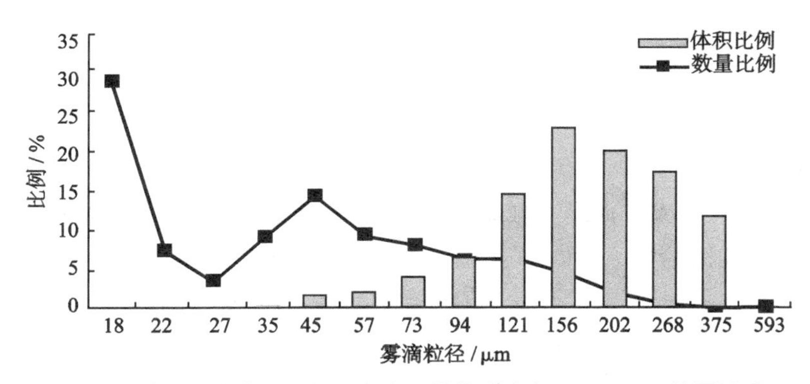

图 2-3　装配小喷片（0.7 mm）空心圆锥喷头在 0.3 MPa 下的雾滴谱

（二）雾滴粒径（droplet size）

在一次喷雾中，有足够代表性的若干个雾滴的平均直径或中值直径称为雾滴粒径，通常用微米（μm）做单位。雾滴粒径是衡量药液雾化程度和比较各类喷头雾化质量的主要指标。因与喷头类型有关，故也是选用喷头的主要参数。雾滴粒径的表示方法有 4 种：体积中值直径、数量中值直径、质量中值直径、沙脱平均直径，常用 VMD 和 NMD 表示雾滴的粒径。

1. 体积中值直径（volume median diameter, VMD）

在一次喷雾中，将全部雾滴的体积从小到大顺序累加，当累加值等于全部雾滴体积的 50%时，所对应的雾滴直径为体积中值直径，简称体积中径。相对数量中径，体积中径能表达绝大部分药液的粒径范围及其适用性，因此，喷雾中多用体积中径来表达雾滴群的大小，作为选用喷头的依据。

2. 数量中值直径（number median diameter, NMD）

在一次喷雾中，将全部雾滴从小到为顺序累加，当累加的雾滴数目为雾滴总数的 50% 时，所对应的雾滴直径为数量中值直径，简称数量中径。如果雾滴群中细小雾滴数量较多，将使雾滴中径变小；但数量较多的细小雾滴总量在总施药液量中只占非常小的比例，因此数量中径不能正确地反映大部分药液的粒径范围及其适用性。

我国国家标准（GB 6959—86）中，对雾滴粒径的分类规定如表 2-1 所示。

表 2-1　雾滴粒径的分布

雾的分类	气雾	弥雾	细雾	粗雾
体积中径 / μm	≤ 50	51 ~ 100	101 ~ 400	> 400

三、雾滴尺寸与防治效果的关系

1. 覆盖面积

雾滴越细小，覆盖面积就越大。药剂覆盖面积的增加，意味着它与病虫接触机会增加。对于防治病原菌体小又无活动能力以及防治体小或活动性不大的蚜虫、螨类及蚧类等，都要求药液有较大的分散度和覆盖密度。

2. 在处理表面上的附着性

雾滴在处理表面上的附着性是受许多因素影响，其中雾滴的大小和重量是一个重要因素。雾滴越大、重量越大，则越容易从处理表面上滚落。所以适当提高分散度，有利于增加在处理表面上的药液的沉积量。

3. 颗粒运动性能

雾滴的运动性能与雾滴大小有关，雾滴越大由于较重，很快向垂直方向降落，在空间运行距离较短，喷洒不均匀。而较细的雾滴由于重力小易受空气的浮力作用，分布较为均匀。当药剂颗粒被送到接近受药表面时，并不是这些颗粒都能沉降到这个表面上，因为运送颗粒的气流在接近受药表面时形成一种界面层气流，沿着表面向侧面流动。这个界面层气流常常将细小颗粒带走，使它不能沉积（仅有少量沉积在背面）。只有颗粒具有相当大的动能时，才能穿透界面层气流，沉降到表面上。较大的雾滴具有较大功能，因而容易沉降到表面上（图 2-4）。但太大颗粒由于重量大易从表面上滚落。所以对药剂的分散度的要求，既不是越大越好，也不是越小越好。理想的雾滴大小应当是在表面上有足够的沉积，又不致于严重地影响药剂在表面上的附着性。

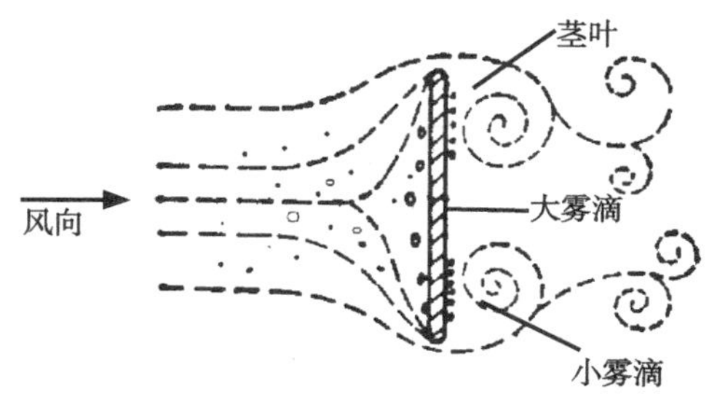

图 2-4　雾滴被气流送向靶标表面时沉积示意图

4. 药剂颗粒表面能

药剂表面能与分散度呈正相关。表面能指药剂的溶解能力、气化能力、化学反应能力及吸合能力。溶解能力、气化能力和化学反应能力的提高往往有利于药剂的初效能力，而不利于药剂的残效作用，同时这些能力的提高还往往不利于药剂的贮藏，尤其是低浓度粉剂。所谓吸合能力是指颗粒间吸引合并能力，以及颗粒在受药表面上的附着能力等。

5. 使用农药的安全性

增大雾滴直径，可减少药剂飘移损失，减轻对环境的污染，但雾滴大到不致于从叶面上滚落，所以也要适中。

四、喷雾方法分类

（一）根据单位面积所施的药液量来划分喷雾方法

根据单位面积所施的药液量来可划分为高容量喷雾法、中容量喷雾法、低容量喷雾法、超低容量喷雾法和超超低容量喷雾法共 5 种，各自特点见表 2-2。

表 2-2　几种容量喷雾法的性能特点

指标	高容量	中容量	低容量	超低容量	超超低容量
亩施药液量/L	＞40	10～40	1～10	0.33～1	＜0.33
雾滴数量中径/μm	＞250	150～250	100～150	50～100	＜50

续表 2-2

指标	高容量	中容量	低容量	超低容量	超超低容量
喷洒液浓度/%	0.05 ~ 0.1	0.1 ~ 0.3	0.3 ~ 3	3 ~ 10	10 ~ 15
药液覆盖度	大部分	一部分	小部分	很小部分	微量部分
载体种类	水质	水质	水质	水质或油质	油质
喷雾方式	针对性	针对性	针对性或飘移	飘移	飘移

实际上喷施药液量很难划分清楚，低容量以上的几种喷雾法的雾滴较粗或很粗，所以也统称为常量喷雾法。低容量以下的几种喷雾法的雾滴较细或很细，统称为细雾滴喷雾法。从表 2-2 可以明显看出，小容量喷雾的经济效益显著：单位面积用药量少、工效高、机械能消耗低且防治及时等，所以国内外喷施药液量均向低容量喷雾方向发展。但和常量喷雾相比也存在着缺点和不足之处：不宜用高毒农药；雾滴穿透性能差，对密植作物后期为害其基部的害虫（如稻褐飞虱）不甚奏效；喷施具有选择性的除草剂时，如果飘移性强，往往会对邻近地块上的敏感作物造成飘移性药害。

1. 常量喷雾技术

药液的雾化是靠机械来完成的，雾滴的大小与喷雾机性能有直接的关系。通过对药液施加压力，使形成高压液流，再经过喷头中的狭小喷孔喷出，高速喷出的液流与静止的空气冲撞，药液被撞碎，形成细小的雾滴。药液受到的压力越大，喷孔片的孔径越小，则雾化程度越高，雾滴越小。

应根据作物种类、生长期和病虫草害的种类选择适宜喷孔的喷片，决定垫圈数量。例如，对于较大的作物，宜选择喷孔直径大的喷片，其流量较大，雾滴粗些；用于苗期作物，宜选择喷孔直径小的喷头片，其流量小，雾滴细，若加垫圈可缩小雾化角，使雾滴较集中地针对作物幼苗。

我国使用最广泛的工农 -16 型手动喷雾器和 552 型压缩式喷雾器，常用压力为 0.3 ~ 0.4 MPa，通常采用的喷头片孔径为 1.3 mm 和 1.6 mm，每亩喷药液量为 50 ~ 100 L，均采用常量喷雾技术。此外，利用喷杆式喷雾机喷洒化学除草剂、土壤处理剂和利用喷射式机动喷雾机对水稻、小麦等大面积农田和果树林木及枝叶繁茂的作物作业时也需采用常量喷雾法进行喷雾作业。

常量喷雾法具有目标性强、穿透性好（尤其对杀灭密植作物后期为害其基部的稻褐飞虱等害虫，采用此法效果比其他方法更好）、农药覆盖性好、受环境因素影响较小等优点，但单位面积上施用药液量多，用水量大，农药利用率低，环境污染较大。

2. 低容量喷雾技术

若将喷片的孔径缩小为 0.7 mm 以下，就可进行低容量喷雾。或者利用高速气流把药液吹散成雾的方法也可进行低容量喷雾。

低容量喷雾作业时，雾滴直径为 100 ~ 150 μm。由于雾滴较细，分布均匀，因而用作农药载体的水就能大大减少，每亩施液量比常量喷雾要少得多，一般为 15 ~ 150 L/hm^2。比常规喷雾防治病虫害的效果好，生产率也高。

低容量喷雾时可利用风力把雾滴分散、飘移、穿透、沉积在靶标上，也可将喷头对准靶标直接喷雾，而行走状态则是匀速连续行走，边走边喷，一般行走速度为 1 ~ 1.2 m/s。

低容量喷雾操作要求比常量喷雾要求严格得多，为此须注意以下几点：

（1）喷药时必须做到“三稳”。

第一，行走速度要稳。走得过快，喷药不够；走得过慢，喷药过多，易造成浪费或药害。因此，施药人员须准确地控制行走速度，通常旱田行走速度 1 ~ 1.2 m/s，水田行走速度为 0.7 m/s 左右。

第二，拿得稳。喷头距作物的高度和喷杆摆动大小要稳，否则会影响雾滴在作物上分布均匀性。

第三，压力稳。喷雾器的压力要稳，如压力变化了，就会影响药液流量和雾滴大小，也就影响喷雾质量。

（2）加药液要过滤。低容量喷雾采用的是小孔径喷头片，药液必须经过小于喷孔的滤网（喷头滤网的当量直径应小于喷孔直径的 0.4 ~ 0.5 倍）过滤，以防堵塞喷孔。

3. 超低容量喷雾技术

超低容量喷雾法就是以极少的施液量（一般小于 5 L/hm^2），极细小的雾粒进行喷雾。所以雾粒在空中既有一定的悬浮时间，又能沉积到靶标生物上。从雾化原理来看，可通过 4 种方法实现，即旋转离心分散法；高速气流分散法；高液压分散法；热能分散法。其中，旋转离心式雾化出的雾滴，不仅可由旋转速度快慢控制雾滴大小，而且转速稳定可使雾滴大小比较均匀。

对于不同的防治对象，最适合采用的雾滴大小也各不相同：对防治大田作物上的害虫喷药，用地面超低容量喷雾机具喷雾，要求最合适的雾滴范围为 40 ~ 90 μm，而用飞机超低容量喷雾则要求雾滴大小为 80 ~ 120 μm。对于蚊蛾等飞行虫害，最合适的雾滴范围为 10 ~ 30 μm。由于这样的雾滴能较长时间悬浮在空气中，加上昆虫在飞行时翅翼的迅速振动有助于雾滴在虫体各个方向附着，这种喷雾形式在虫害区域残留药量最少，对于防治蝗虫这样大面积的虫害，这种方法是非常有效的。

由于超低容量喷雾是油质小雾滴，它比常量喷雾的水质雾滴在虫体表面上的沉积性好、附着力强、渗透性好，同时农药含量高的油质雾滴一般都比农药含量低的水质雾滴耐光、耐温、抗雨、不易挥发，因而其残效期长，所以药效高。而且具有工效高、节省用药、防治及时、不用水、防治费用低等优点，但超低容量喷雾也存在一定的缺点和局限性，这种施药方法受风力、风向和上升气流等气象因子影响很大，剧毒农药不能用，喷施技术要求比低量喷雾更加严格，如喷洒不慎，不仅影响药效，还有可能出现药害。

超低容量喷雾作业应采用飘移累积性喷雾，利用风力把雾滴分散、飘移、穿透、沉积在靶标上。根据飘移喷雾的雾滴密度分布，距喷头近处雾滴密度高，远处密度低的特点，使药雾飘移少的地方有数次累积沉积，利于农药均匀分布。雾滴大小以质量中径 70 μm 为宜，风速为 0.5 ~ 5 m/s，应在早晚或夜间喷雾。

4. 超超低容量喷雾技术

超超低容量喷雾技术就是以微量的施液量（一般小于 3.5 L/hm^2），极细小的雾粒进行喷雾。其作业要求和施药方法与超低量喷雾作业相同，但其技术要求比超低量喷雾作业更严格。

（二）根据喷雾方式划分

1. 针对性喷雾

把喷头对着靶标直接喷雾叫做针对性喷雾。此法喷出的雾流朝着预定方向运动，雾滴能较准确地落到靶标上，较少散落或飘移到空中或其他靶标上，因此也称为定向喷雾法（图 2-5）。

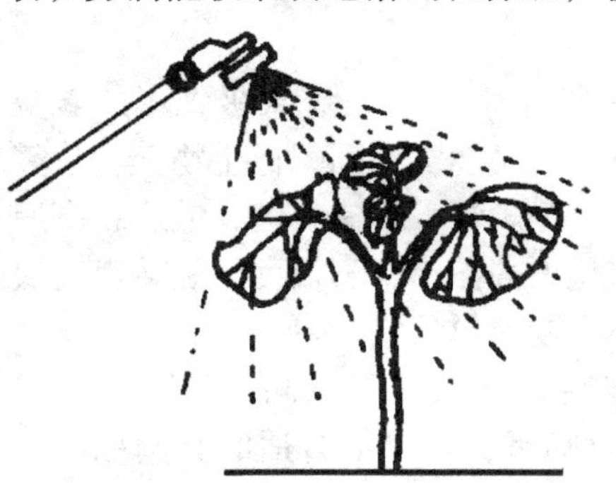

图 2-5　针对性喷雾方法

2. 飘逸喷雾

利用风力把雾滴分散、飘移、穿透、沉积在靶标上的喷雾方法称为飘移喷雾法。飘移喷雾法的雾滴按大小顺序沉降，距离喷头近处飘落的雾滴多而大，远处飘落的雾滴少而小。雾滴愈小，飘移愈远，据测定直径 10 μm 的雾滴，飘移可达千米之远。而喷药时的工作幅宽不可能这么宽，由图 2-6 可见，每个工作幅宽内降落的雾滴是多个单程喷洒雾滴沉积累积的结果，所以飘移喷雾法又称飘移累积喷雾法。由于在一处有数次雾滴累积沉积，农药分布很均匀，这是该法的特点，也是优点。

当手动喷雾器用小孔径喷片作低容量喷雾防治棉造桥虫、麦蚜以及水稻、蔬菜、花生等作物上部的病虫害时，可采用飘移性喷雾。

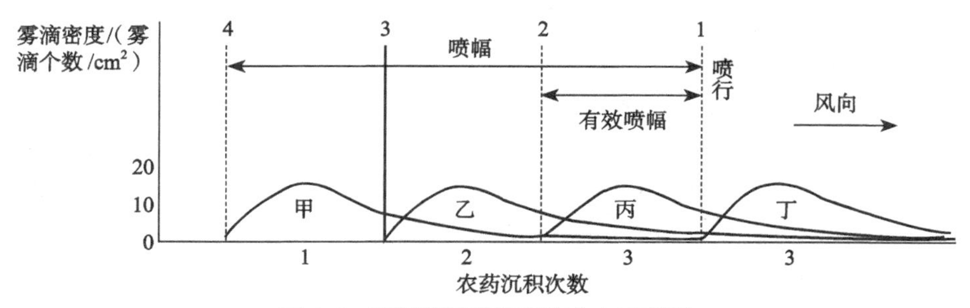

图 2-6　飘逸喷雾雾滴密度分布示意图

超低量喷雾机在田间作业时也须采用飘移性喷雾法。以东方红 -18 型超低量喷雾机为例，作业时机手手持喷管手把，向下风向一边伸出，弯管向下，使喷头保持水平状态（风小及静风或喷头离作物顶端高度低于 0.5 m 时可有 5° ~15° 仰角），并使喷头距作物顶端高出 0.5 m，在静风或风小时，为增加有效喷幅、加大流量，可适当提高喷头离作物顶端的高度。作业行走路线根据风向而定，走向最好与风向垂直，但喷向与风向的夹角不得超过 45° 。在地头每个喷幅处应设立喷幅标志，从下风向的第一个喷幅开始喷雾（图 2-7）。如果喷雾的走向与作物行不一致，则每边需要一个标志。假如喷雾走向与作物行一致，只要一个标志就可以了。

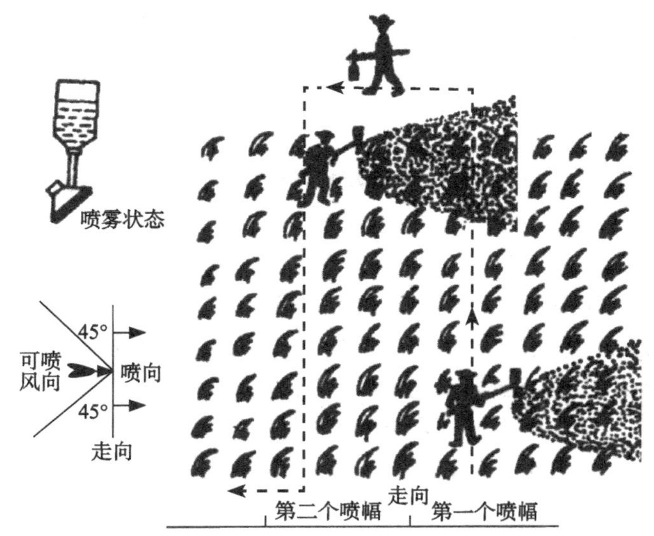

图 2-7　飘逸喷雾田间作业时的走向、喷向、行走路线与风的关系

当一个喷幅喷完后，立即关闭截止阀，并向上风向行走，到达第二个喷幅标志处或顺作物行对准对面标志处。喷头调转 180° ，仍指向下风向，在打开截止阀的同时向前顺作物行或对准标志行走喷雾，按顺序把整块农田喷完，这样的喷雾方法就叫飘移累积性喷雾方法。

应该指出的是，当喷向与风向不是平行而有一个夹角时，偏风来的那一面就不能喷到地边，而应该向前喷至雾滴能覆盖整个地块的作物，也就是向前多喷由一个喷幅为直角三角形的底边，喷向与风向形成的角（ < 45° ）相对一边的长度（图 2-8），不然只喷到地边就会留下锯齿形漏喷部分（图中颜色深的部分）。此外，最后一个喷行喷完后，还必须在离地边的上风向约 5m 处再喷一次，补上在喷头下没有喷上药的作物（图 2-8）。

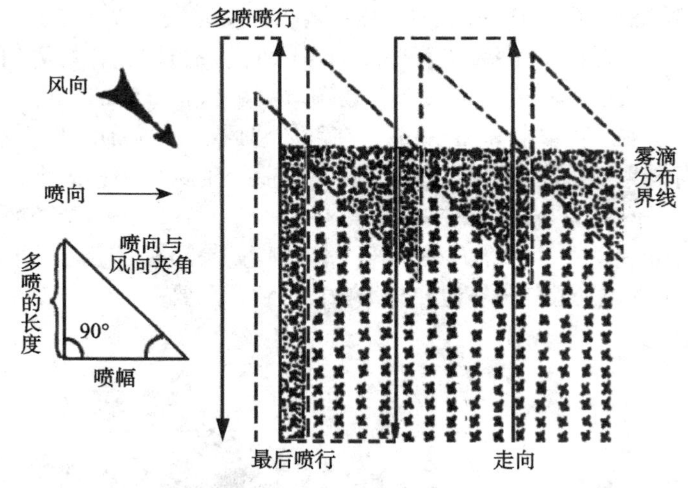

图 2-8　喷向与风向不一致和最后一个喷行的喷雾路线图

3. 泡沫喷雾法

能将药液形成泡沫状雾流喷向靶标的喷雾方法叫做泡沫喷雾法。喷药前在药液中加入一种能强烈发泡的起泡剂，作业时由一种特制的喷头自动吸入空气使药液形成泡沫雾喷出；泡沫喷雾法的主要特点是泡沫雾流扩散范围窄，雾滴不易飘移，对邻近作物及环境的影响小，适用于需要控制雾滴扩散范围的场合，如间作套种作物、除草剂的行间喷雾、庭院花卉以及室内消毒等场合的喷雾。在喷药时，喷头应离作物顶部或行间地面一定距离（30 ~ 50 cm），顺风、顺行喷洒，风速超过 3 m/s 时应停止喷药。

4. 循环喷雾法

在喷雾机的喷洒部件对面加装单个或多个药液回收装置，把没有沉积在靶标植物上的药液回收返送回药箱中，循环利用，以节省农药，减轻对环境的污染，这种喷雾方法叫做循环喷雾法，一般可节省农药 30% 以上。

使用循环喷雾机的喷洒操作与常规喷雾机相同。喷施除草剂时须在杂草植株高于作物植株时对准杂草喷洒，如杂草与作物植株高度相差过小，除草剂易损伤作物。如采用灭生性除草剂，喷雾时须选择合适的喷头和喷施压力，尽量减少雾滴弹跳、滚落和飘移，以免损伤作物。

5. 静电喷雾法

静电喷雾就是通过高压静电发生装置使喷出的雾滴带电的喷雾方法（图 2-9）。带电雾滴在电场力的作用下快速而均匀地飞向目标物，从而大大提高了雾滴的命中率。由于雾滴带有相同电荷，在空间的运行过程中互相排斥，不会发生凝聚现象，所以对目标作物覆盖较均匀（尤其是使植物叶片的背面能附着雾滴），黏附牢固，飘失减少，以提高农药的使用效果，降低农药的施用量，减少农药对环境所造成的污染。

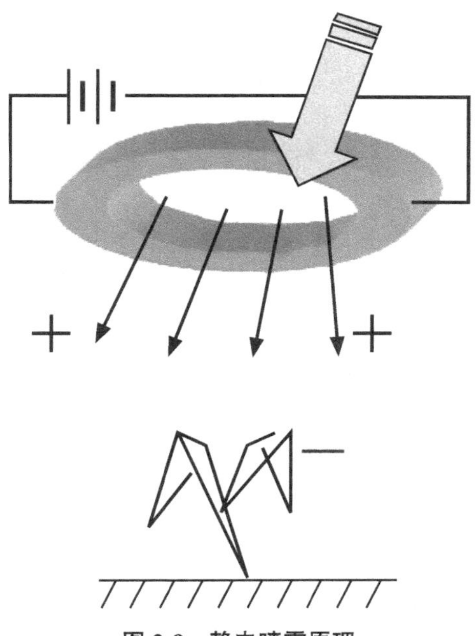

图 2-9　静电喷雾原理

静电喷雾作业受天气的影响相对较小，早晚和白天均可进行喷雾，适用于有导电性的各种农药制剂。但是静电喷雾器需要有产生直流高压电的发生装置，因而机器的结构比较复杂，成本也就比较高。

第二篇

植保机具

第3章 概述

第一节 植保机械的作用和分类

一、植保机械的作用

自从人类开始农耕以来就面临农作物病虫草害的挑战，农业生产所蒙受的损失之大是人所共知的。因此，与病、虫、草害进行斗争是人类的一项持久任务，至今也仍然是联合国粮农组织（FAO）的一个严峻课题。世界各国的有关专家半个世纪以来每隔几年都要举行一次国际植物保护大会（International Congress of Plant Protection，ICPP）来共商对策。

同病、虫、草害斗争所采取的办法和手段，从最原始的求助于神灵和手工防治，到后来的喷洒化学农药，其间经历了漫长的历史阶段和各种方式的探索，包括生物的方法、物理机械的方法、农耕的方法和化学的方法和综合防治方法。

当化学农药的巨大威力被发现以后，化学防治技术就以空前的速度发展起来。化学农药之所以这样容易地被农民和政府部门所接受，与化学农药的两个重要特点有关：一是快速，二是高效。病、虫、草害也有两个重要特点：一是种类繁多，二是繁殖快速。仅已有的记载病、虫、草、鼠害就达数千种之多，企图用非化学的方法来完全控制这么多种类的有害生物是不可能的。因此，化学防治法的发展突飞猛进，并一直保持着强大的生命力，到目前为止，仍是人类对病、虫、草害进行综合防治中最有效、最主要的手段。

植物保护机械与农药、防治技术一样是化学防治的三大支柱之一。1949年以前，我国的植保机械几乎是一张白纸。每年全国由于虫灾造成的粮食损失高达数百亿公斤之多。新中国成立后党和政府大力发展农业，植保机械——主要是化学农药施洒机械，也就是施药机械得到了较快的发展。其间经历了由仿制到自行设计；由人力手动喷雾器到与小型动力配套的机动植保机械和与拖拉机相配套的大中型施药机械，以及已得到比较广泛应用的农林航空施药技术。

随着农业高速发展，高效农药的应用以及人们对生存环境要求的提高，农药使用技术与施药器械面临着新的挑战。农药对环境和非靶标生物的影响成为社会所关注的问题，农药使用技术及其施药器械的研究面临两大课题：如何提高农药的使用效率和有效利用率；如何避免或减轻农药对非靶标生物的影响和对环境的污染。近年来由于在农业生产中采取了一系列先进的措施，农业科学向深度、广度进军，耕作制度改变，复种指数提高，间作面积扩大，越冬作物增加以及高产品种的推广，农药施用量的增加，一方面使农业生产获得了相当程度的高产，另一方面又给病虫草害的产生创造了有利条件，使发生繁衍规律也发生了变化，对作物的威胁更为严重。这就给扑灭病、虫、草害的及时性和机具使用的可靠性提出了更加苛刻的要求，这不仅对植保机械提出了一个个新的课题，也反映了植保机械的使用和发展在农业生产和农业科技的发展中占有极其重要的地位。

由此看来，现代农业生产的发展表现了对植保机械很强的依赖性，现代化的农业生产离不了植保机械。植保机械除对确保粮棉高产、稳产起着巨大的作用外，也是保护其他经济作物、果树、牧草以及卫生防疫等方面不可缺少的器械，它已成为农业发展不可缺少的组成部分，是推动我国农业现代化的重要因素。

二、植保机械的分类

植保机械（施药机械）的种类很多，由于农药的剂型和作物种类多种多样，以及喷洒方式方法不同，决定了植保机具也是多种多样的。从手持式小型喷雾器到拖拉机机引或自走式大型喷雾机；从地面喷洒机具到装在飞机上的航空喷洒装置，型式多种多样。

植保机具的早期分类方法，通常是按喷施农药的剂型种类、用途、动力配套、操作、携带和运载方式等进行分类。

1. 按喷施农药的剂型和用途分类

分为喷雾机、喷粉机、喷烟（烟雾）机、撒粒机、拌种机、土壤消毒机等。

2. 按配套动力进行分类

分为人力植保机具、畜力植保机具、小型动力植保机具、大型机引或自走式植保机具、航空喷洒装置等。

3. 按操作、携带、运载方式分类

人力植保机具可分为手持式、手摇式、肩挂式、背负式、胸挂式、踏板式等；小型动力植保机具可分为担架式、背负式、手提式、手推车式等；大型动力植保机具可分为牵引式、悬挂式、自走式等。

此外，对于喷雾器来说，还可以按对药液的加压方式及机具的结构特点进行分类。例如对药液喷前进行一次性加压、喷洒时药液压力在变化（逐渐减小）的喷雾器称为压缩喷雾器，有的国家把这类喷雾器称为自动喷雾器。单管喷雾器实际上是按其结构特点，有一根很细的管状唧筒而定名的。

20 世纪 70 年代以后，随着农药不断地更新换代和对喷洒技术不断地深入研究、改进提高，国内外出现许多新的喷洒技术和新的施药理论。大量试验表明雾滴直径大小、雾滴直径尺寸分布、喷洒药液浓度、施液量多少等参数，对防治效果、农药的有效利用率、雾滴和药液在靶区内的沉积分布影响极大，从而出现了以施液量多少、雾滴大小、雾化方式等进行分类并命名的新情况。

4. 按施液量多少分类

可分为常量喷雾、低量喷雾、微量（超低量）喷雾。但施液量的划分尚无统一标准。

5. 按雾化方式分类

可分为液力喷雾机、气力喷雾机、热力喷雾（热力雾化的烟雾）机、离心喷雾机、静电喷雾机等。气力喷雾机起初常利用风机产生的高速气流雾化，雾滴尺寸可达 100 μm 左右，称之为弥雾机；近年来又出现了利用高压气泵（往复式或回转式空气压缩机）产生的压缩空气进行雾化，由于药液出口处极高的气流速度，形成与烟雾尺寸相当的雾滴，称之为常温烟雾机或冷烟雾机。还有一种用于果园的风送喷雾机，用液泵将药液雾化成雾滴，然后用风机产生的大容量气流将雾滴送向靶标，使雾滴输送得更远，并改善了雾滴在枝叶丛中的穿透能力。

离心喷雾机是利用高速旋转的转盘或转笼，靠离心力把药液雾化成雾滴的喷雾机。如手持式电动离心喷雾机，由于喷量小，雾滴细，可以用在要求施液量少的作业。有人把这种喷雾机称为手持式电动超低量喷雾机。

对于喷雾雾滴能随防治要求而改变，能控制雾滴大小变化的喷雾机，称为控滴喷雾机。

总之，植保机械的分类方法很多，较为复杂。往往一种机具的名称中，包含着几种不同分类的综合。如东方红 -18 型背负式机动喷雾喷粉机，就包含着按携带方式、配套动力和雾化原理三种分类的综合。

第二节　植物保护的主要方法

植物保护的方法很多，按其作用原理和应用技术可分为以下几类。

一、农业技术防治法

它包括选育抗病虫的作物品种，改进栽培方法，实行合理轮作，深耕和改良土壤，加强田间管理及植物检疫等方面。

二、生物防治法

利用害虫的天敌，利用生物间的寄生关系或抗生作用来防治病虫害。近年来这种方法在国内外都获得很大发展，如我国在培育赤眼蜂防止玉米螟、夜蛾等虫害方面取得了很大成绩。为了大量繁殖这种昆虫，还研制成功培育赤眼蜂的机械，使生产率显著提高。又如国外研制成功用 X 射线或 γ 射线照射需要防治的雄虫，破坏雄虫生殖腺内的生殖细胞，造成雌虫的卵不能生育，以达到消灭这种害虫的目的。

采用生物防治法，可减少农药残毒对农产品、空气和水的污染，保障人类健康，因此，这种防治方法日益受到重视，并得到迅速发展。

三、物理和机械防治法

利用物理方法和工具来防治病虫害，如利用机械捕打、果实套袋、紫外线照射（图 3-1）、超声波高频振荡（图 3-2）、高速气流吸虫机（图 3-3）、温汤浸种杀死病菌、选种机剔除病粒等。目前，国内外还在研究用微波技术来防治病虫害。

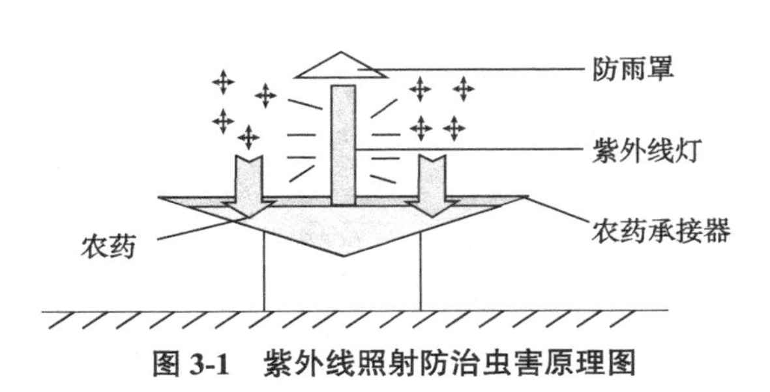

图 3-1　紫外线照射防治虫害原理图

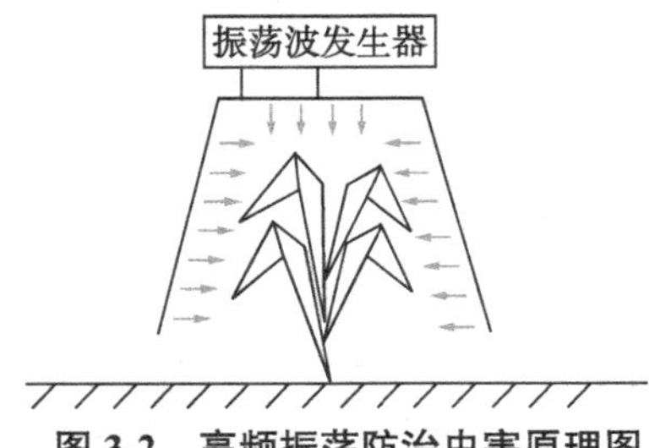

图 3-2　高频振荡防治虫害原理图

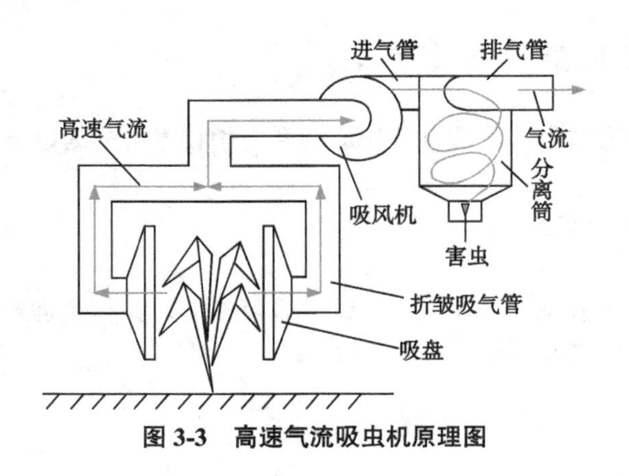

图 3-3 高速气流吸虫机原理图

四、化学防治法

利用各种化学药剂来消灭病虫、杂草及其他有害动物的方法。特别是有机农药大量生产和广泛使用以来，已成为植物保护的重要手段。这种防治方法的特点是操作简单，防治效果好，生产率高，而且受地区和季节的影响较少，故应用较广。但是如果农药不合理使用，就会出现污染环境，破坏或影响整个农业生态系统，在作物植株和果实中易留残毒，影响人体健康。因此，使用时一定要注意安全。

经过国内外多年来实践证明，单纯的使用某一防治方法，并不能很好地解决病、虫、草害的防治。如能进行综合防治，即充分发挥农业技术防治、化学防治、生物防治及物理机械防治及其他新方法、新途径的应用（昆虫性外激素、保幼激素、抗保幼激素、不育技术、拒食剂、抗菌素及微生物农药等）的综合效用，能更好地控制病、虫、草害。单独依靠化学防治的做法将逐步减少，以至不复存在。但在综合防治中化学防治仍占着重要的地位。

第三节 提高防治效果对药械的要求

药械是防治农业病、虫、草害不可缺少的工具。要获得好的防治效果，不仅要有高效农药，而且必须有与农药、防治对象、防治方法相适应的施药器械。有人把农药与药械比之为“弹药”与“枪炮”的关系，说明二者缺一不可。使用常规喷雾，喷洒粗放，械与药的关系较简单，对药械的要求不高。随着防治技术的不断进步与提高，高效农药的出现，要求农药的喷洒有更高的精确性，人们对病虫害发生、危害规律认识不断深入，以及对环境安全日益关注与重视，农药、药械、病虫、施药方式等之间的关系日趋复杂，因此对施药器械的要求也越来越高。从科学使用农药、提高防治效果的角度，施药器械必须满足下述一些要求。

一、药械必须具有可靠性

这是对施药器械的基本要求，也是最起码的要求。因为药械只有性能和质量可靠，少故障、无故障，才能保证机具正常工作，保证防治及时，才能取得好的防治效果。在日常的防治中，常常因机具质量不可靠而延误了有利的防治时间。如手动喷雾器漏液漏气，泵筒损坏，喷头堵塞，气室、胶管破裂，喷杆脱焊等。机动喷雾机，发动机启动困难，点火、供油系统不可靠，液泵吸不上水，调压阀失灵，混药不均，药箱、喷管易漏粉漏液等。由于近年来劣质喷雾器充斥市场、药械产品质量低下，上述故障频频出现。漏药事故增加了对人身的不安全性和对环境的污染，排除故障或修理机具的时间，常比实际工作时间还长。病虫害防治时间性强，尤其遇有暴发性病虫害，来势迅猛，一旦错过有利防治时期，便为害成灾。因此，机具的可靠性是提高防治效果的基本保证。

二、药械的品种要多，以满足各种场合下的防治需要

我国幅员广大，作物种类繁多，作物的生长环境、形态、耕作管理方式不同；病虫草害种类更多，危害方式和防治方法不尽一样，防治时农药喷洒方式和作业方式也不相同，因此，需要有多种类型的药械才能满足各个地区、各种作物、不同病虫草害的防治需要。但是，目前我国农业药械品种很少，应用较为普遍的仅有 3 ~ 4 种。以手动喷雾器为例，虽然生产厂家达数百家，而其产品品种基本为一种——工农 -16 型喷雾器。即便牌号不同，也仅仅是药液箱容量大小不同而已，喷洒装置千篇一律，均为一种切向进液喷头。机动喷雾机近年来虽有所发展，但品种也很少。尤其喷洒装置品种少，远远满足不了不同防治需要。尽管目前工农 -16 型、泰山 -18 型、工农 -36 型等手动和机动喷雾机已广泛用于棉花、水稻、小麦、果树等作物的病虫害防治。但从科学使用农药角度，用最少量的农药，最大限度地达到好的防治效果，适宜于这一要求的机具非常有限。各类作物的病虫害防治中还有很多空白和难题，特别是适用于棉田苗期和中后期，并能进行叶背喷洒的机具；适用于水稻后期防治稻飞虱、纹枯病，药液能到达根部的施药机具；适用于果园的高效风送式机具；适用于蔬菜、塑料大棚作物等病虫防治机具，均有待于进一步研制开发。一种机具不可能是万能的，必须是多品种才能满足各种场合

下的需要。目前我国农业仍以家庭小规模分散的方式经营，广大农民对科学施用农药的知识有限，掩盖了药械品种少、施药技术落后的矛盾。随着农业技术不断发展，规模农业的形成及国家对农业投入的不断加大，技术含量高的多种新型高效施药器械将会不断出现。

三、雾化性能良好，雾滴谱要窄，靶标的药液沉积率要高

药液雾化性能的好坏，决定着雾滴尺寸分布，关系着药液雾滴在植物丛中和靶区内的运动、穿透、附着、沉积、分布和飘失，它直接影响防治效果。因此，雾化性能是评价施药机具最为重要的指标。药液雾化是通过喷头等雾化装置来实现的。雾化装置的种类很多，如液力、气力、离心、热力、静电喷头等。而且根据作业不同有不同类型的喷头，液力喷头是施药器械中应用最广的雾化装置，在国外这类喷头品种齐全、用途广泛。按其雾形可分为圆锥雾喷头和扇形雾喷头，而圆锥雾喷头又可分为空心圆锥雾喷头系列和实心圆锥雾喷头系列，每个系列有十余种规格。扇形雾喷头（狭缝喷头）又分为标准扇形雾喷头系列、均匀扇形雾喷头系列。低压扇形雾喷头系列、防飘移扇形雾喷头系列，以及偏置扇形雾喷头系列等。由于这些喷头的结构和雾形、使用压力、形成的雾滴直径等不同，每种喷头都有一个最适宜的使用场合和范围。使用时应根据作物种类、防治对象的不同防治要求，选择应用，以达到用最少的药量，获得最佳的防治效果。空心圆锥雾喷头主要适用于杀虫剂、杀菌剂的叶面喷洒；实心圆锥雾喷头适用于定点喷洒，如棉花苗期和顶芯部喷洒。喷洒除草剂时，大田全面处理应选择由多个标准扇形雾喷头组成的喷杆；条带处理应选择均匀扇形雾喷头。当进行低容量、超低容量喷雾时，因施液量少，雾滴要细，为保证药液有效覆盖，可选择能产生细小雾滴的气力喷头或离心喷头等。只有根据不同的防治需要，选择不同的雾化装置，才能达到雾化好、雾滴适宜、沉积率高。

要使这些雾化装置和喷洒技术在我国广泛推广应用尚需做大量工作。首先必须尽早提出一些主要作物、主要病虫草害防治的田间喷洒技术要求和施药规程，改变不分作物、不分病虫统统使用一种喷头的落后局面，为推广这些成熟技术创造条件。

四、喷洒覆盖均匀、雾滴穿透性和对靶性强

喷洒均匀性、雾滴在株冠丛中穿透性及对靶性，是评价施药机具性能和田间

喷洒质量好坏的重要技术指标。对这些技术指标的认识和应用程度也是体现科学使用农药技术水平高低的重要标志。在靶区内单位面积上的药液覆盖，有一个适宜容量要求。多了造成药液流失，少了会影响药液的覆盖和防治效果。药剂量过大甚至会产生药害。单喷头喷洒时存在着药液沉积分布均匀性问题，多个喷头组合喷洒，也存在着药液沉积分布是否均匀的问题。即使同一喷洒装置，由于喷雾压力的变动及喷孔形状和大小的变化也影响着药液沉积分布的状况。这些影响分布均匀性的因素，在设计、制造，甚至使用机具时必须充分注意并加以利用。

药液在田间喷洒后，药液和雾滴的去向如何是至关重要的。人们总是希望进入靶区或靶标上的药液和雾滴越多越好，而落到土壤中或飘移到空气中的药液雾滴则越少越好。为此，国内外许多学者围绕如何提高靶区内药液雾滴的沉积比例做了大量研究。研究表明：常规大容量药液喷洒方法，药液在植株上的沉积比例很低，大多流失于土壤。为了提高药液和雾滴的穿透性和对靶性，科研人员研究应用了许多技术措施，并提出了许多新的喷洒技术理论。如利用风力增加雾滴运动和穿透能力的风送式喷雾机及增强对靶性的导向喷口；能调节喷头喷射方向的高架棉田喷雾机吊挂喷杆；稻田用远程可调组合喷枪；果园用可调喷枪；减少雾滴飘移的防风喷杆及利用气流增强植株下部药液附着的气袋式喷雾机等。在喷洒技术理论方面提出了低容量和超低容量喷雾技术、控滴喷雾技术、精密喷洒技术、静电喷雾技术、生物最佳粒径理论等。试验研究表明：施液量和施药浓度、雾滴谱、药液沉积分布是喷洒技术中极为重要的技术指标。大量研究表明：减少施液量可提高药液在植株上的沉积比例；细雾滴在植株丛中有较强的穿透性；植株形态和形状影响药液雾滴的沉积与附着，如“叶尖优势”等；昆虫形体结构对雾滴大小有一最佳的选择，如防治蚊虫最佳雾滴直径为 2 ~ 16 μm，防治萃萃蝇最佳雾滴直径为 10 ~ 30 μm，防治云杉卷叶蛾、棉铃甲、美洲棉铃虫等有效防治雾滴直径为 50 μm；为减少除草剂的飘失，宜采用直径大于 250 μm 的雾滴等。这些研究仅仅是初步的，在喷洒技术中有许多问题有待于加强研究，找出规律，在设计、制造和使用中加以利用，只有这样才能使施药器械最大限度地满足雾滴穿透性和对靶性强、药液沉积分布均匀等科学用药的要求。

五、工效高、速度快、防治及时

在保证喷洒质量的条件下，工效高、速度快、轻便省力，是人们对喷洒机具的普遍要求。这也是提高防治效果的另一有效手段。一般病虫害的防治都有时间性要求，即必须在几天之内喷洒完农药，防治效果才最好。超过这个时间，不是已成严重危害，就是虫龄变化，防效不佳甚至防治无效及使虫、菌对某些农药产生抗性。特别是在暴发性病虫害发生时，时间性更强，病虫来势凶猛，防治如救火。如不及时而迅速防治，一旦错过有利时机，便危害成灾。在实际防治中这种实例很多。如 1977 年江浙地区稻飞虱的危害；20 世纪 90 年代初期北方棉区二三代棉铃虫的危害等。因此，要求施药机具不仅要质量可靠、喷洒性能好，而且必须工效高、防治速度快，这样才能保证喷洒及时。

第四节　国内外植保机械的发展概况

现代农药使用技术由三部分组成：农药与剂型；施药工艺；施药器械。三者紧密联系、互相促进，植保机械的发展必然以农药剂型及施药工艺的发展为依托。当前农药使用技术的主要发展方向是降低农药施用量；提高农药在靶标上的附着率；减少农药对人体和环境的污染。

我国植保机械是在新中国成立后发展起来的。在国家有关部门的支持下，各省、市、自治区先后建立了农药机械厂。其发展主要经历了仿制、自行研制、联合设计与攻关等几个阶段，由人力到机动的迅速发展过程，广泛采用新结构、新材料、新工艺，设计制造了许多新的产品。基本解决了农作物的植保问题，促进了农业生产的发展。步入 20 世纪 90 年代以来，国家主管部门坚持一靠政策、二靠科学、三靠投入的原则，使我国植物保护机械走上了健康发展的道路。国外先进技术不断被消化、吸收，形成了一片繁荣景象。目前，虽然我国有些植保机械已达到或超过世界先进水平，但我国的植保机械和施药技术大体上落后国际 30 年，药液的有效利用率只有 20% 左右，80% 农药进入大气、水体、人体，不但严重影响农民的人身安全，还污染了食品，污染了环境。造成这些问题的原因主要是植保机械性能差，雾化质量低，施药技术落后。植保机械和施药技术落后问题，不仅是农业问题，更是环境问题。因此，我国在植保机械的研制、开发、改造等方面仍有大量工作有待继续努力。

国外植保机械的发展以美国、法国、德国、意大利、丹麦、日本等发达国家为代表。

一、大型植保机械和航空植保为主体的防治体系

20 世纪中期以后，农业发达国家逐步形成了大型农场专业化生产方式，农业机械化水平很高，大田农作物的病虫害防治及化学除草采用大型悬挂式或牵

引式喷杆喷雾机，喷幅达 18 ~ 34 m，药箱容量 400 ~ 3 000 L，作业速度达 8 ~ 10 km/h，配套拖拉机功率在 59 ~ 74 kW（80 ~ 100 马力）以上。棉花、水稻及牧草采用农业专用飞机喷洒农药，美国拥有农用飞机 6 000 架以上，日本以直升机为主，构成了以大型植保机械和航空植保为主体的防治体系。果园和啤酒花等经济作物采用风送式和高架喷雾机喷洒农药。农业病、虫、草害防治达到了全面机械化。

二、植保机械技术先进，配套齐全

随着发达国家工业化技术水平的全面提高，植保机械技术也获得了较大的发展。在大型喷雾机上，采用液压机构控制喷杆的工作姿态、平衡与稳定，采用电子技术和电脑对作业速度、作业面积、喷雾压力、喷雾量等进行监测和自动调整，极大的改善了机手的劳动条件，提高了作业效率和准确性。从液泵到喷头，每一种工作部件都有完整的系列产品，仅喷头就有几十个系列，几百种规格，可以满足各种作物和药剂的不同喷雾要求，同时大大提高了喷洒质量。各种大型植保机械都是机、电、液一体化的复杂系统，设计完善，制作精美，工作可靠，操作方便，作业安全。

三、重点发展安全施药，保护生态环境

能否避免施药操作过程中农药对机手的污染以及减少农药流失、飘移对生态环境的污染，是现代植保机械先进程度的重要标志，主要体现在以下方面。

（1）开发了直接注入式喷雾机，在机上分别设置药箱与水箱，使农药原液从药箱直接注入喷雾管道系统，与来自水箱的清水，按预先调整好的比例均匀混合后，输送至喷头喷出。与通常的喷雾机相比，它减少了加水、加药操作过程中机手与农药的接触机会，消除了清洗药液箱的废水对环境的污染。

（2）在大、中型喷雾机上采用完善的过滤系统，从向药液箱内加水，到药液从喷头喷出，中间经过 4 次以上的过滤。特别是自洁式过滤器的使用，避免或减少了喷雾系统的堵塞和清理工作。

（3）日本在果园和温室中发展无人操作喷雾机。利用遥控直升机施洒农药已进入实用阶段。

（4）在喷雾机上采用了“少飘”（LD）喷头，因雾流中小雾滴少，可使飘移污染减少 33% ~ 60%。在喷雾机的喷杆上安装防风屏，使常规喷杆的雾滴飘移减少了 65% ~ 81%。

（5）开发了带有药液雾滴回收装置的循环式喷雾机，有用于大田作物和果树的不同机型。喷雾时雾流横向穿过作物叶丛，未被叶丛附着的雾滴进入回收装置，过滤后，返回药液箱。这既可提高农药的有效利用，又减少了飘移污染。

（6）对于某些农作物，采用了叶片涂抹机械，直接将除草剂涂抹在杂草叶片上。或对树木采用注射机械，直接将内吸性农药注射入树木木质部，依靠其传导作用分散分布于树木整体，减少了农药进入外部环境的机会。

（7）在喷雾机上安装近红外光电传感器和控制电路，利用近红外光的反射来辨别行间杂草，通过控制电路控制喷洒系统，进行针对性的喷雾，无杂草的地方不喷雾，既可节省农药，又减少了农药进入空间的机会。这种光电控制电路也被用于果园喷雾机上。

上述新技术的使用，大幅度提高了农药使用安全性，减少了农药进入空间的机会，保护了生态环境。

四、配套化学防治方法，直视综合防治技术体系

世界农业发展的实践证明，化学防治是当前农业病虫害防治的主要手段，是综合防治技术的重要组成部分。从提高效率、节省能源和保护生态环境的目标出发，各国都在积极发展农业病、虫、草害的综合防治技术。

（1）大力培育抗病力强甚至抵抗某种虫害的农作物新品种，我国也已取得瞩目的成果。

（2）积极推广利用天敌和生物农药防治病虫害，国外已经开发出赤眼蜂投放机，应用于蔬菜、谷类、豆类、甜菜、玉米的生物防治，获得成功。

（3）研究开发利用光、电、热杀灭害虫和杂草的物理防治技术。利用黑光灯诱杀害虫的方法，在我国已经获得了广泛应用。日本正在进行利用小容量高电压脉冲电火花放电防治杂草的试验，它是利用放电时的冲击波机械地破坏细胞壁、细胞膜杀伤杂草。另一种物理方法是，利用液化石油气燃烧时产生红外辐射，其波长是植物组织吸收率最高的波长，达到杀灭杂草的目的。相信在不久的将来，各种低污染的病、虫、草害防治方法和植保机械将取代目前常规的防治方法和植保机械。

喷雾（器）机

第一节　概　述

一、喷雾的特点及喷雾机的类型

喷雾是化学防治法中的一个重要方面，它受气候的影响较小，药剂沉积量高，药液能较好地覆盖在植株上，药效较持久，具有较好的防治效果和经济效果。喷粉比常量喷雾法工效高，作业不受水源限制，对作物较安全，然而由于喷粉比喷雾飘移危害大得多，污染环境严重，同时附着性能差，所以国内外已趋向于用以喷雾法为主的施药方法。

根据施药液量的多少，可将喷雾机械分为高容量喷雾机、中容量喷雾机、低容量喷雾机及超低容量喷雾机等多种类型。各类喷雾机的施液量标准及雾滴直径的范围可参看表 4-1。

表 4-1　各类喷雾机的施液量和喷雾直径

名称	符号	雾滴直径 / μm	施液量 / （L/hm^2）
超超低容量	U-ULV	10 ~ 90	< 0.45
超低容量	ULV	10 ~ 90	0.45 ~ 4.5
低容量	LV	100 ~ 150	4.5 ~ 4.5
中容量	MV	100 ~ 150	4.5 ~ 450
高容量	HV	150 ~ 300	> 450

大容量喷雾又称常量喷雾，是常用的一种低农药浓度的施药方法。喷雾量大

能充分地湿润叶子，经常是以湿透叶面为限并逸出，流失严重，污染土壤和水源。雾滴直径较粗，受风的影响较小，对操作人员较安全。用水量大，对于山区和缺水地区使用困难。

低容量喷雾，这种方法的特点是所喷洒的农药浓度为常量喷雾的许多倍，雾滴直径也较小，增加了药剂在植株上附着能力，减少了流失。既具有较好的防治效果，又提高了工效，应大力推广应用，逐步取代大容量喷雾。

中容量喷雾，施液量和雾滴直径都介于上面两种方法之间，叶面上雾滴也较密集，但不致产生流失现象，可保证完全的覆盖，可与低量喷雾配合作用。

超低容量喷雾是近年来防治病虫害的一种新技术。它是将少量的药液（原液或加少量的水）分散成细小雾滴（50 ~ 100 μm）并大小均匀，借助风力（自然风或风机风）吹送、飘移、穿透、沉降到植株上，获得最佳覆盖密度，以达到防治目的。由于雾滴细小，飘移是一个严重问题，它的应用仅限于基本上无毒的物质或大面积，这时飘移不会造成危害。超低量喷雾在应用中应特别小心。

二、对喷雾机的要求

喷雾机应满足以下基本要求：

（1）应能根据防治要求喷射符合需要的雾滴，有足够的穿透力和射程，并能均匀地覆盖在植株受害部分。

（2）有足够的搅拌作用，应保证整个喷射时间内保持相同的浓度，不随药液箱充满的情况而变化。

（3）与药液直接接触的部件应具有良好的耐腐蚀性，有些工作部件（如液泵、阀门、喷头等）还应具有好的耐磨性，以提高机器的使用寿命。

（4）工作可靠，不易产生堵塞，设置合适的过滤装置（药液箱加液口、吸水管道、压水管道等处）。

（5）机器应具有较好的通过性，能适应多种作业的需要。

（6）机器应具有良好的防护设备及安全装置。

（7）药液箱的容量，应保证喷雾机有足够的行程长度，并能与加药地点合理地配合。

第二节　背负式手动喷雾器

背负式手动喷雾器是由操作者背负，用摇杆操作液泵的液力喷雾器。它是我国目前使用得最广泛、生产量最大的一种手动喷雾器。我国于1959年开始生产背负式喷雾器，型号为58型。20世纪60年代后期改名为工农-16型（3WB-16型），药液箱容量为16 L，桶身由薄铁皮制成，经搪铅或喷涂涂料处理，但耐腐蚀情况不太理想。70年代后期部分厂家将这一机型的药液箱改用聚乙烯制造，按摇杆支点的固定方法的不同分为两种：支点嵌入药液箱中，并把空气室移到药液箱后部凹陷处的称为3WBS-16A型；支点固定在铁箍上的是3WBS-16B型。还有一些厂家生产结构相同，但容量为12 L和14 L的产品（3WBS-12、3WBS-14型）。60年代后期起还生产了一种主要结构与工农-16型相同，铁皮桶身，形状为圆桶形，容量为10 L的长江-10（3WB-10）型喷雾器，由操作者挂在肩上操作，但习惯上仍把它列入背负式喷雾器中。目前这种喷雾器有铁皮、铝板和搪瓷等几种。

一、液泵式喷雾器

背负式喷雾器主要由药液桶（箱）、液泵和喷洒部件组成。工农-16型（图4-1）和长江-10型喷雾器除药液桶的容量和形状不同外，其他结构都相同。

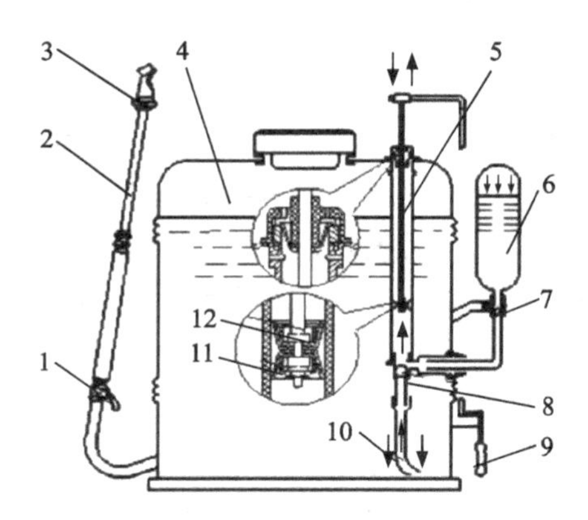

图4-1　手动背负式喷雾器

1-开关　2-喷杆　3-喷头　4-药液箱　5-泵筒　6-空气室
7-出液球阀　8-浸液球阀　9-手柄　10-吸水管　11-皮碗　12-塞杆

（一）构造

1. 药液桶（箱）

工农-16型喷雾器的药液桶的截面呈腰子形，长江-10型的形状呈圆筒形。由于生产厂家很多，药液桶采用薄钢板、铝板、聚乙烯或玻璃钢等多种材料制做，各有优缺点。薄钢板桶身经搪铅或喷涂耐腐涂料处理。聚乙烯塑料中添加防老化剂，耐腐蚀和抗老化，但破损后不能修复。玻璃钢桶制作费工、价格较高，但可修复。NS-15 型喷雾器的药液箱仿人体后背形状，由聚乙烯塑料制成。药液箱箱壁上标有水位线，加液时液面不能高于水位线。药液箱加液口开关手把处都设有滤网，阻止杂物随药液进入喷雾器喷头而造成堵塞。NS-15 型的箱盖与桶身为螺纹连接，密封，不漏液，箱盖上装有平阀，作业时随着液面下降，箱内压力降低，空气就从这个平阀进入药液箱内，使箱内气压保持正常。

2. 液泵

上述几种背负式喷雾器的液泵都是直立活塞泵，它由泵筒（唧筒）、塞杆、皮碗、进水阀、出水阀、吸水管和空气室等组成。工农 -16 和长江 -10 型喷雾器上，皮碗直径为 25 mm，由牛皮制成；泵筒、泵盖、空气室、进水阀座、出水阀座由工程塑料制造，耐农药腐蚀；进、出水阀采用球阀，阀球是直径 9.5 mm 的玻璃球，阀的作用是按要求接通或关闭进、出水通路，所以要有良好的密封性；空气室在药液桶外、出水阀接头的上方，它的作用是使药液获得稳定而均匀的压力，减少液泵排液的不均匀性，保证喷雾雾流稳定。

3. 喷洒部件

工农 -16 型、长江 -10 型喷雾器的喷洒部件由套管、喷杆、开关、喷雾软管和喷头等组成。套管是操作喷洒部件的握手柄，它有铁质和塑料两种，铁套管强度好，不易损坏；塑料套管耐腐蚀。套管内装有滤网，以进一步过滤药液。喷头是喷雾器的主要工作部件，这两种喷雾器上安装的是切向进液喷头（一种空心圆锥雾喷头，详见第三节）。开关有直通式和玻璃球式两种。喷头和开关用黄铜或工程塑料制造。喷雾软管采用橡胶管或聚氯乙烯软管。

（二）工作原理

当操作者上下揿动摇杆或手柄时，通过连杆使塞杆在泵筒内作上下往复运动，行程为 40 ~ 100 mm。当塞杆上行时，皮碗由下向上运动，皮碗下方由皮碗和泵筒所组成的空腔容积不断增大，形成局部真空（图 4-1）。这时药液桶内的药液在液面和腔体内的压力差作用下冲开进水阀，沿着进水管路进入泵筒，完成吸水过程。当塞杆下行时，皮碗由上向下运动，泵筒内的药液被挤压，使药液压力骤然增高。在这个压力的作用下，进水阀被关闭，出水阀被压开，药液通过出水阀进入空气室。空气室里的空气被压缩，对药液产生压力，打开开关后药液通过喷杆进入喷头被雾化喷出。

（三）使用注意事项

使用与维护背负式喷雾器除严格按照产品使用说明书的要求进行外，还应着重注意以下几点。

（1）工农 -16 型等喷雾器上的新牛皮碗在安装前应浸入机油或动物油（忌用植物油），浸泡 24 h。向泵筒中安装塞杆组件时，应注意将牛皮碗的一边斜放在泵筒内，然后使之旋转，将塞杆竖直，用另一只手帮助将皮碗边沿压入泵筒内，就可顺利装入，切忌硬行塞入。

（2）背负作业时，应每分钟揿动摇杆 18 ~ 25 次。操作工农 -16、长江 -10 型喷雾器时不可过分弯腰，以防药液从桶盖处溢出溅到身上。

（3）加注药液，不许超过桶壁上所示水位线。如果加注过多，工作中泵筒盖处将出现溢漏现象。空气室中的药液超过安全水位线时，应立即停止打气，以免空气室爆炸。

（4）所有皮质垫圈，贮存时应浸足机油，以免干缩硬化。

（5）每天使用结束，应加少许清水喷射，并清洗喷雾器各部，然后放在室内通风干燥处。

（6）喷洒除草剂后，必须将喷雾器，包括药液箱、胶管、喷杆、喷头等彻底清洗干净，以免在下次喷洒其他农药时对作物产生药害。

二、气泵（压缩）式喷雾器

气泵式喷雾器（图 4-2）是靠预先压缩的气体使药液桶中的液体具有压力的液力喷雾器。按喷雾器的携带方式有肩挂式和手提式两种，农用压缩喷雾器容量 6 ~ 8 L，都为肩挂式。我国生产的农用压缩喷雾器有 3WS-7 型（也称 552 丙型）、三圈 -6 型。3WSS-6 型和 3WSS-8 型等品种。

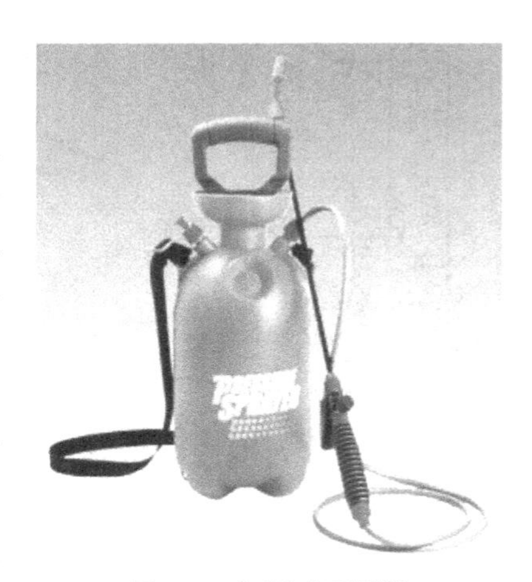

图 4-2　气泵式喷雾器

3WS-7 型喷雾器系气泵式 50 年代定型生产的产品，桶身由薄钢板制造，钢板表面进行搪铅或喷涂防腐涂料处理，耐农药腐蚀的能力不太理想；该喷雾器没有安装安全阀，如打气过度，压力过高会造成事故；但因其结构简单，价格较低，至今仍是压缩喷雾器的主要品种。三圈-6、3WSS-6和3WSS-8型喷雾器桶身等部件用塑料制成，采用了铝合金喷杆、漱压式开关，安装了安全阀，具有耐蚀、安全等优点。以下以3WS-7型为例进行介绍。

（一）构造

气泵式喷雾器由气泵、药液桶和喷射部件等组成（图4-3）。打气泵由泵筒、塞杆和出气阀等组成。泵桶用焊接钢管制造，要求内壁光滑密封性好。泵筒底部安装有出气阀。出气阀应密封可靠，保证打气筒在进气时药液不进入泵筒内部，塞杆下端装有垫圈、皮碗等零件。

药液桶由桶身、加水盖、出水管、背带等组成。桶身采用薄钢板制造，除贮存药液外还起空气室的作用，要求能承受一定压力并能密封。桶身上标有水位线，以控制加液量。

3WS-7型气泵喷雾器的喷洒部件与工农-16型背负式喷雾器相同。

（二）工作原理

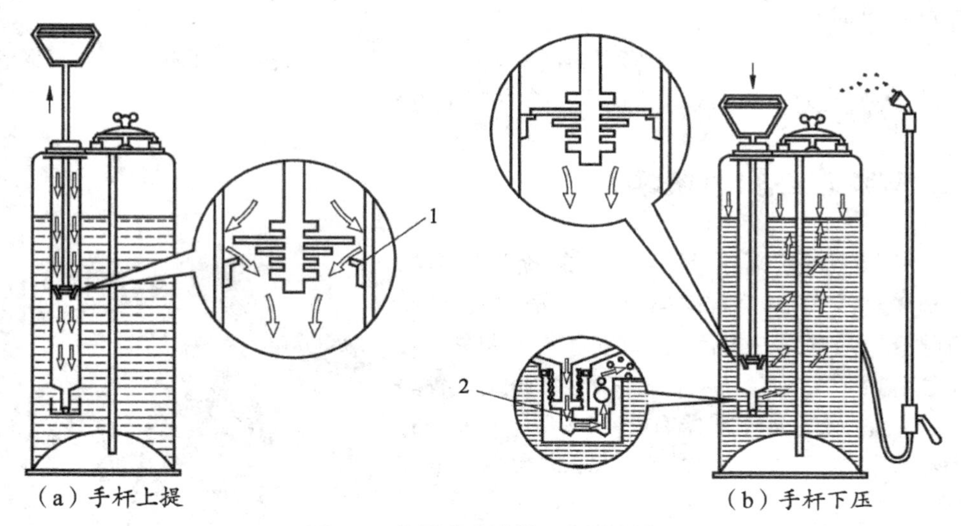

图4-3　气泵式喷雾器工作原理图

1-皮碗　2-出气阀

压缩喷雾器是利用打气筒将空气压入药液桶液面上方的空间，使药液承受一定的压力，经出水管和喷洒部件成雾状喷出，如图4-3所示。当将喷雾器塞杆上拉时，泵筒内皮碗下方空气变稀薄，压强减小，出气阀在吸力作用下关闭。此时皮碗上方的空气把皮碗压弯，空气通过皮碗上的小孔流入下方。当塞杆下压时，皮碗受到下方空气的作用紧抵着大垫圈，空气只好向下压开出气阀的阀球而进入药液桶。如此不断地上下压塞杆，药液桶上部的压缩空气增多，压强增大，这时打开开关，药液就被压入喷洒部件，呈雾状喷出。

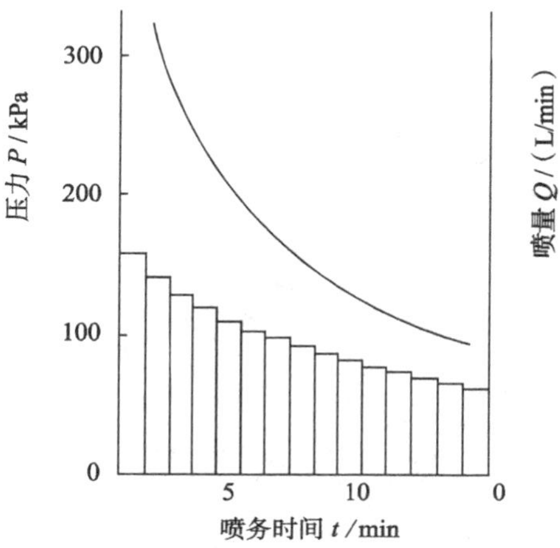

图 4-4　喷雾时间与液箱内压力、喷量的关系

气泵式喷雾器的特点是喷药后，药箱内的压力会迅速降低，降到一定程度时（图 4-4），操作者停下来再充一次气（每次打气 30 ~ 40 下），即可喷完一桶（约 5L）药液，操作者可以专心对准目标喷药。而液泵式喷雾器工作时，操作人员一只手不断地揿动手压杆，另一只手操作喷洒部件喷雾，容易疲劳。

第三节　担架式机动喷雾机

一、担架式喷雾机的种类

机具的各个工作部件装在像担架的机架上，作业时由人抬着担架进行转移的机动喷雾机叫做担架式喷雾机（图 4-5，图 4-6）。

图 4-5　担架式喷雾机

图 4-6　担架式机动喷雾机作业图

担架式喷雾机由于配用的泵的种类不同而可粗分为两大类：

（1）担架式离心泵喷雾机——配用离心泵；

（2）担架式往复泵喷雾机——配用往复泵；

担架式往复泵喷雾机还因配用的往复泵的种类不同而细分为 3 类：

①担架式活塞泵喷雾机——往复式活塞泵；

②担架式柱塞泵喷雾机——往复式柱塞泵；

③担架式隔膜泵喷雾机——往复式活塞隔膜泵。

担架式离心泵喷雾机与担架式往复泵喷雾机的共同点是：机具的结构都是由机架、动力机（汽油机、柴油机或电动机）、液泵、吸水部件和喷洒部件 5 大部分组成，有的还配用了自动混药器。其不同点首先是泵的类型不同，其他部件虽然功能相同，但其具体结构与性能有的还有些不同。

担架式往复泵喷雾机自身还有几个特点：

①虽然泵的类型不同，但其工作压力（≤ 2.5 MPa）相同，最大工作压力（3 MPa）亦相同。

②虽然泵的类型不同，泵的流量大小不同，但其多数还在一定范围（30 ~ 40 L/min）内，尤其是推广使用量最大的 3 种机型的流量也都相同，都是 40 L/min。

③泵的转速较接近，在 600 ~ 900 r/min 范围内，而且以 700 ~ 800 r/min 的居多。

④几种主要的担架式喷雾机由于其泵的工作压力和流量相同，因而虽然其泵的类型不同，但与泵配套的有些部件如吸水、混药、喷洒等部件相同，或结构原理相同，因此有的还可以通用。

⑤担架式喷雾机的动力都可以配汽油机、柴油机或电动机，可根据用户的需求而定。

二、担架式喷雾机的组成

（一）药液泵

目前担架式喷雾机配置的药液泵主要为往复式容积泵。往复式容积泵的特点是压力可以按照需要在一定范围内调节变化，而液泵排出的液量（包括经喷射部件喷出的液量和经调压阀回水液量）基本保持不变。往复式容积泵的工作原理是靠曲柄连杆（包括偏心轮）机构带动活塞（或柱塞）运动，改变泵腔容积，压送泵腔内液体使液体压力升高，顶开阀门排送液体。就单个泵缸而言，曲轴一转中，半转为吸水过程、另外半转为排水过程，同时还由于活塞运动的线速度不是匀速的，而是随曲轴转角正弦周期变化，所以排出的流量是断续的，压力是波动的；而对多缸泵来说，在曲轴转一转中几个缸连续工作，排出的波动的流量和压力可以相互叠加，使合成后的流量、压力的波动幅值减小。理论分析和试验都表明：多缸泵中三缸泵叠加后流量、压力波动都最小。因此，通常植保机械配置的往复式容积泵多为三缸泵。

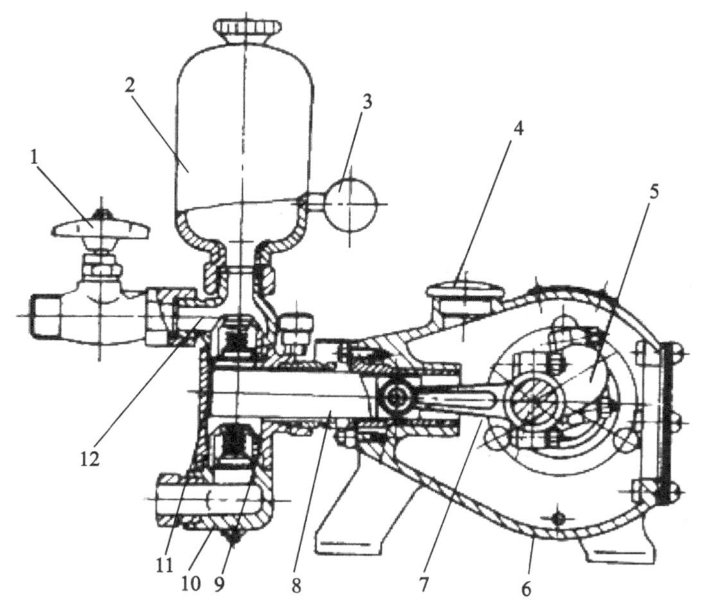

图 4-7　3WZ-40 型三缸柱塞泵

1. 出水开关　2- 空气室　3- 调压阀　4- 加油盖　5- 曲轴　6- 曲轴箱
7- 连杆组　8- 柱塞　9- 进、出水阀　10- 吸水座　11- 泵室　12- 出水室

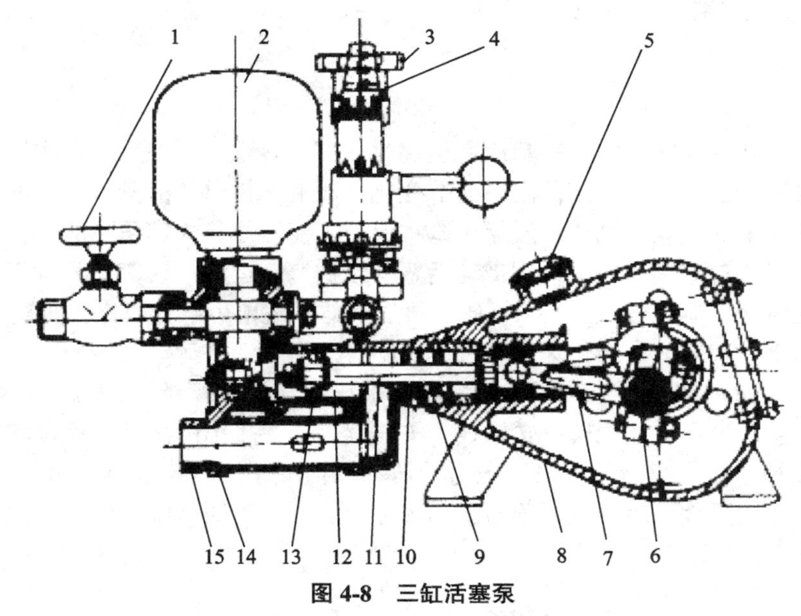

图 4-8　三缸活塞泵

1- 出水开关　2- 空气室　3- 调压阀　4- 压力表　5- 加油盖
6- 曲轴　7- 连杆　8- 泵体　9- 油封　10- 水封　11- 塞杆
12- 泵缸　13- 活塞组件　14- 密封圈　15- 进水接头

图 4-7、图 4-8 为两种典型不同结构的往复式容积泵的剖视图。从图中可以看出三缸柱塞泵和三缸活塞泵的结构基本相似，二缸活塞隔膜泵差异较大。现以三缸柱塞泵为例（图 4-7），它由曲轴箱 6、曲轴 5、连杆组 7、柱塞 8、进水阀和出水阀 9（可通用）、泵室 11、吸水座 10、出水室 12、压力指示器（压力表）和调压阀 3、空气室 2、出水开关 1 等组成。吸水座、泵室和出水室三者用双头螺柱、螺母及垫圈固为一体，安装在曲轴箱端部，在曲轴箱和泵室内各有一组菱形密封圈。连杆的一端与曲轴相连，另一端通过连杆销与柱塞相连，曲轴安装在曲轴箱内，它的两端各有一个滚动轴承，曲轴的一端伸出曲轴箱，用键和皮带轮相连接。柱塞为圆柱状，一般用不锈钢制成或表面镀硬铬，以提高耐腐耐磨性能。泵的阀门如图 4-9 所示，为平阀结构，进水阀和出水阀通用，阀门弹簧用不锈钢或铜制造，阀座、阀盘、阀罩用不锈钢或工程塑料制造。

从图 4-8 中可以看出三缸活塞泵的结构与三缸柱塞泵基本相似，曲轴连杆及曲轴箱体结构一样，所不同的主要是以橡胶活塞代替了柱塞；另一个不同是三缸活塞泵的进水阀门结构特殊，将进水阀门与活塞装配成一个组件。

从图 4-10 中可以看出，二缸活塞隔膜泵的结构与三缸柱塞泵、活塞泵差异较大，但各零部件的功能和作用是相似的，偏心轴与滑块机构代替了曲轴连杆机构，隔膜代替了柱塞或活塞。二缸活塞隔膜泵主要由泵体 15、泵盖 14、隔膜 11、偏心轴 1、滑块组件 9、阀门组件 13、气室组件 5、调压阀及压力表等组成（图 4-10）。泵盖与泵体、隔膜构成泵腔。吸水阀和吸水通道在泵的下部；出水阀和出水室在泵的上部，两个泵腔分置在泵体的两侧。

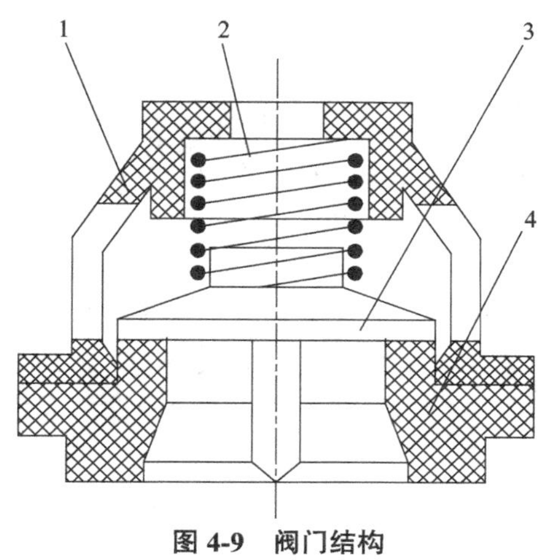

图 4-9　阀门结构

1- 阀罩　2- 弹簧　3- 阀盘　4- 阀座

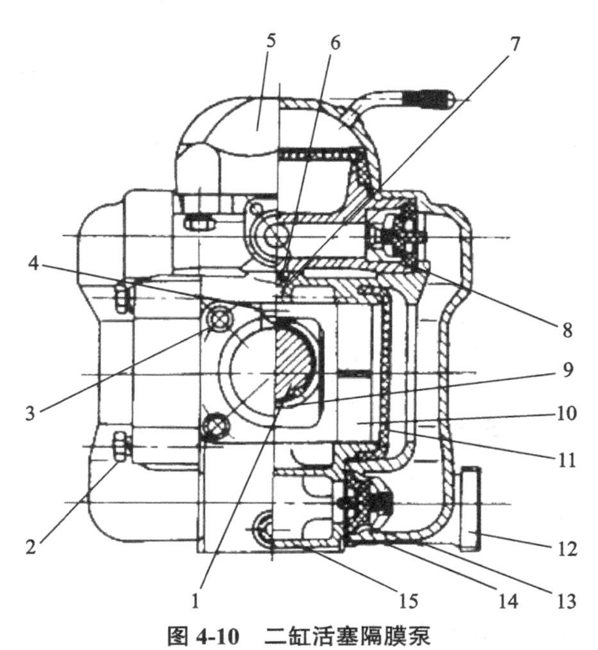

图 4-10　二缸活塞隔膜泵

1- 偏心轴　2、3- 垫圈　4- 放气螺钉　5- 气室组件　6- 定转螺钉垫圈　7- 定转螺钉　8- 阀垫圈　9- 滑块组件　10- 活塞组件　11- 隔膜　12- 进水接头　13- 阀门组件　14- 泵盖　15- 泵体往复式容积泵的空气室，多数为长圆柱状中空耐压容器，如三缸柱塞泵或活塞泵。用螺纹或螺钉与泵体连接，构成出水室。利用空气室内的空气被排出的高压液体压缩，吸收和缓解压力波动，达到稳定喷雾压力的作用。有时由于泵的工作时间长及压力波动，液体会将空气室内的空气带走，使空气室降低稳压作用。为此，在空气室内增加一个膜片，使液体与空气隔开，还可通过气嘴向空气室内压入压缩空气，既防止了空气室内空气逸失，又提高了空气室的稳压功能。这种结构的空气室也是往复式容积泵常采用的。如二缸活塞隔膜泵就是这种结构。因为二缸泵的压力、流量波动幅值较大，采用这种稳压性好的空气室，机具振动才能减小。在担架式喷雾机配置的药液泵中，还有无空气室的，如支农 -40 型、山城 -30 型的三缸活塞泵。因为喷雾机配置的喷雾胶管较长，压力波动的液体通过喷雾胶管时，被胶管的弹性所吸收，所以在喷头处的压力波动也是不明显的。

往复式容积泵所配置的调压阀，是调节和控制药液泵排出液体压力高低和卸去压力负荷的装置。

压力表是泵出水压力高低的指示装置。因为泵的压力波动，压力表往往很快损坏。因此，目前我国多数生产厂家用压力指示器指示泵的压力。压力指示器通常装在调压阀的接头上，和调压阀连在一体，弹簧伸缩推动标杆上下，由指示帽上的刻线指出泵的压力，其结构如图 4-11 所示。

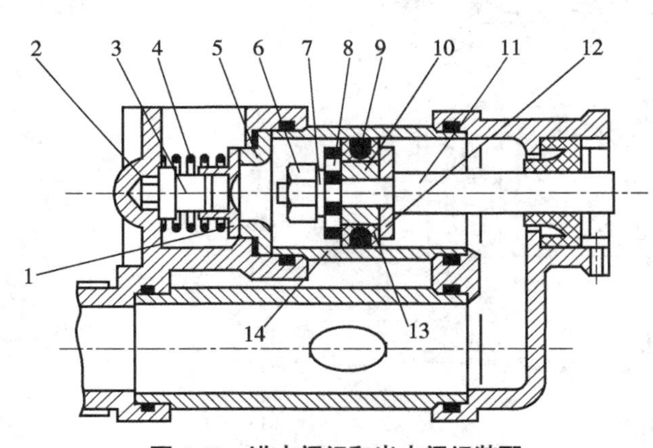

图 4-11　进水阀组和出水阀组装配

1、12- 平阀　2- 气室座　3- 撞柱　4- 弹簧
5- 出水阀　6- 螺母　7- 垫圈　8- 阀片
9- 活塞碗　10- 三角套筒　11- 活塞杆管
13- 活塞碗托　14- 泵筒

往复式容积泵虽然有活塞式、柱塞式、隔膜式，结构上也有些差异，但零部件的功能和泵的工作原理是一样的。现仅以活塞泵为例简述其工作原理（图 4-12）：喷雾机工作时，发动机的动力通过三角皮带带动泵的曲轴旋转，通过曲柄连杆带动活塞杆和活塞作往复运动。活塞杆向左运动时，进水阀组上的平阀压紧在活塞碗托上，进水阀片的孔道被关闭，使活塞后部形成局部真空，药液便经滤网进入活塞后部的缸筒内；活塞向右

运动时，平阀开启，后部缸筒内的药液，经过进水阀片上的孔，流入活塞前的缸筒内。当活塞再次向左运动时，缸筒后部仍进水，而其前部的水则受压顶开出水阀进入空气室。由于活塞不断地往复运动，进入空气室的水使空气压缩产生压力，高压水便经截止阀及软管从喷射部件喷出。

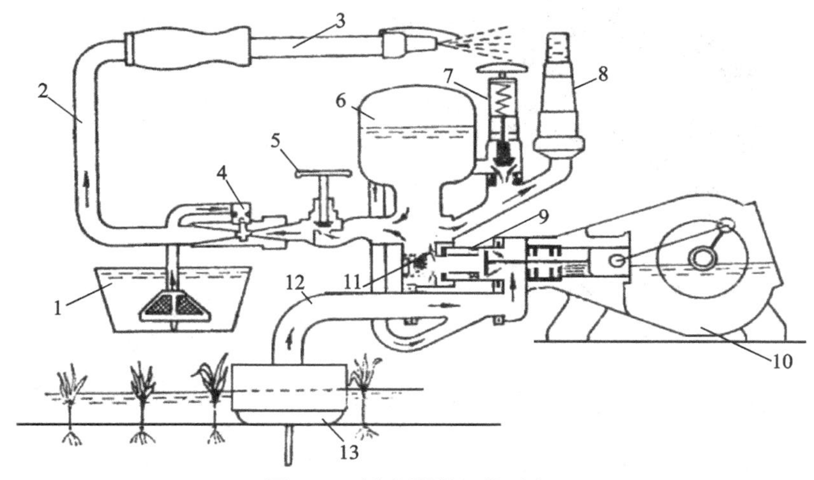

图 4-12 活塞泵的工作过程

1- 药液 2- 出水管 3- 喷枪 4- 混药器 5- 截止阀 6- 空气室 7- 调压阀 8- 压力表 9- 平阀 10 活塞泵 11- 出水阀 12- 吸水管 13- 吸水滤网

综上所述，担架式喷雾机配套的三种典型往复式容积泵，即三缸柱塞泵、三缸活塞泵、二缸活塞隔膜泵，相互比较，各有优缺点。①三缸活塞泵的优点是：活塞为橡胶碗，为易损件，与柱塞泵比较不锈钢用量少、泵缸（唧筒）简单，可用不锈钢管加工，加工较简单。活塞泵的缺点：活塞与泵缸接触密封而且相对运动，药液中的杂质沉淀，在活塞碗与泵缸间成为磨料，加速了泵缸与活塞的磨损。②柱塞泵的优点是：柱塞与泵室不接触，柱塞利用 V 形密封圈圈密封，即使有杂质沉淀，柱塞也不易磨损，使用寿命长；当密封间隙磨损后，可以利用旋转压环压紧 V 形密封圈调节补偿密封间隙，这是活塞泵做不到的；柱塞泵工作压力高。柱塞泵的缺点：用铜、不锈钢材料较多；比活塞泵重量重。③二缸活塞隔膜泵的优点是：泵的排量大；泵体、泵盖等都用铝材表面加涂敷材料，用铜、不锈钢材少；制造精度要求低，制造成本低。隔膜泵的缺点是：隔膜弹性变形，使流量不均匀度增加；双缸隔膜泵流量、压力波动大，振动较大。

（二）吸水滤网

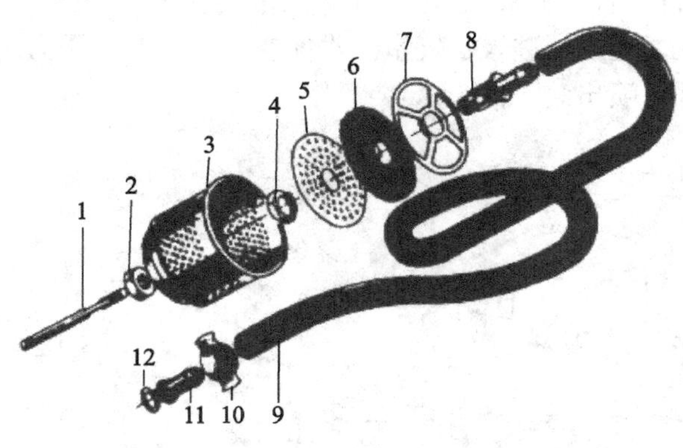

图 4-13 吸水滤网（一）

1- 插杆 2、4- 螺母 3- 外滤网 5- 下网架 6- 滤网 7- 上网架 8- 滤网管 9- 胶管 10- 胶管接头螺母 11- 斜口 12- 垫圈

吸水滤网是担架式喷雾机的重要工作部件，但往往被人们忽视。当用于水稻田采用自动吸水、自动混药时，就显示出它的重要性。图 4-13 为常见的一种吸水滤网结构，这种吸水滤网主要适用于水稻田。主要由插杆、外滤网、上下滤网、滤网管、胶管及胶管接头螺母等组成。使用时，插杆插入土中，当田内水深 7 ~ 10 cm 时，水可透过滤网进入吸水管，而浮萍、杂草等由于外滤网的作用进不了吸水管路，保证了泵的正常工作。图 4-14 为另一种吸水滤网，主要适用于在桶或容器内配制药液使用，适用于果园。

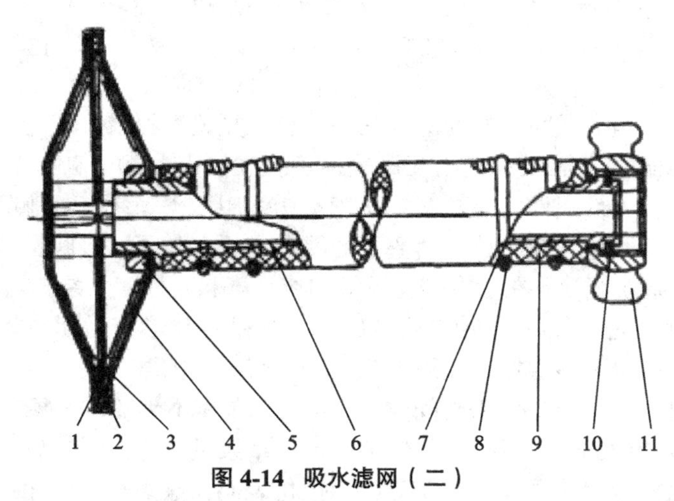

图 4-14 吸水滤网（二）

1- 胶套圈 2- 滤网托盘 3- 下滤网 4- 上滤网 5- 扁螺母 6- 滤网接头 7- 斜口 8- 夹箍 9- 吸水管 10- 垫圈 11- 连接螺母

（三）喷洒部件

喷洒部件是担架式喷雾机的重要工作部件，喷洒部件配置和选择是否合理不仅影响喷雾机性能的发挥，而且影响防治工效、防治成本和防治效果。目前国产担架式喷雾机喷洒部件配套品种较少，主要有两类：一类是喷杆；另一类是喷枪。

1. 喷杆

担架式喷雾机配套的喷杆，与手动喷雾器的喷杆相似，有些零件就是借用手动喷雾器的。喷杆是由喷头、套管滤网、开关、喷杆组合及喷雾胶管等组成。喷雾胶管一般为内径 8 mm、长度 30 m 的高压胶管两根。喷头为双喷头和四喷头（图 4-15）。该喷头与手动喷雾器不同处是涡流室内有一旋水套。喷头片孔径有 1.3 mm 和 1.6 mm 两种规格。

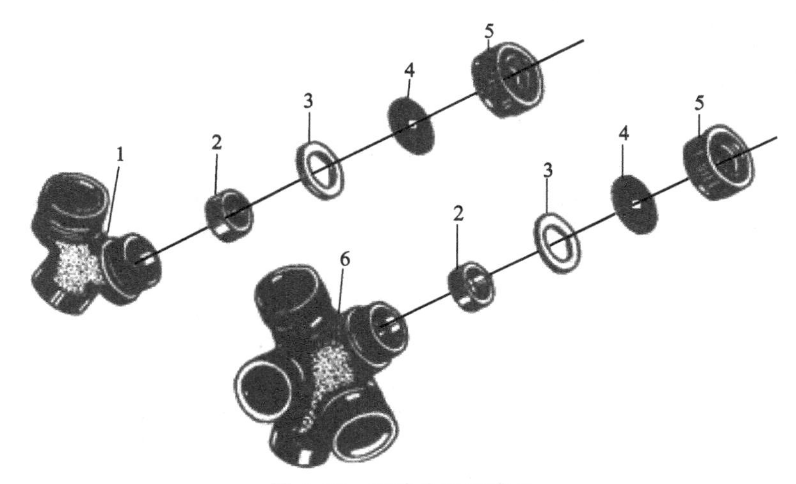

图 4-15　双喷头及四喷头

1- 双喷头体　2- 旋水套　3- 垫圈　4- 喷头片　5- 喷头帽　6- 四喷头体

2. 远程喷枪（枪 -22 型）

枪 -22 型为远程喷枪，主要适用于水稻田从田内直接吸水，并配合自动混药器进行远程（即人站在田埂上）喷洒。其结构如图 4-16 所示。是由喷头帽、喷嘴、扩散片、并紧帽和枪管焊合等组成。使用枪 -22 型喷枪时配套喷雾胶管为内径 13 mm、长度 20 m 的高压胶管。

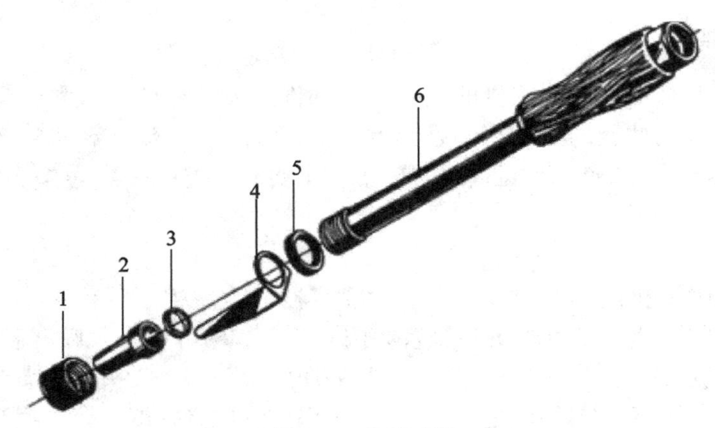

图 4-16　远程喷枪

1- 喷头帽　2- 喷嘴　3- 垫圈　4- 扩散片　5- 并紧帽　6- 喷枪

3. 自动混药器

目前担架式喷雾机使用的自动混药器是与枪 -22 型远程喷枪配套使用的。其结构如图 4-17 所示。是由吸药滤网、吸引管、T 形接头、管封、衬套、射流体、射嘴和玻璃球等组成。使用时将混药器装在出水开关前，然后再依次装上喷雾胶管和远程喷枪。使用混药器后农药不进入泵的内部，能减少泵的腐蚀与磨损。

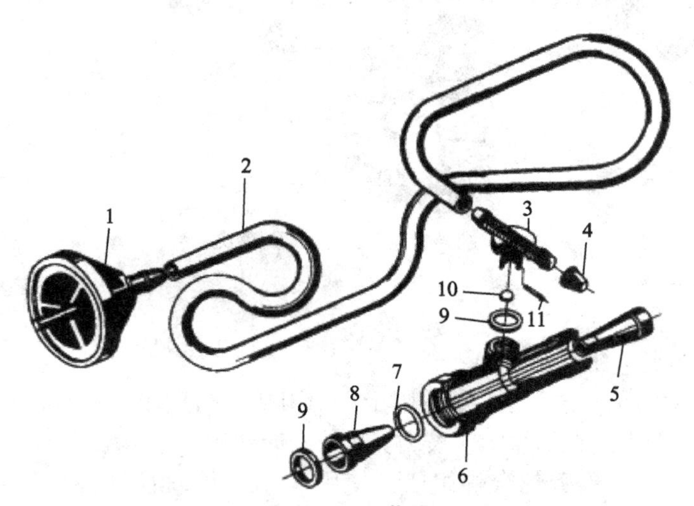

图 4-17　混药器

1- 吸药滤网　2- 吸引管　3-T 形接头　4- 管封　5- 衬套

6- 射流体　7、9- 垫圈　8- 射嘴　10- 玻璃球　11- 销

4. 可调喷枪

可调喷枪又称果园喷枪，如图 4-18 所示，由喷嘴或喷头片、喷嘴帽、枪管、调节杆、螺旋芯、关闭塞等组成。主要用于果园，因为射程、喷雾角、喷幅等都可调节，所以可喷洒高大果树。当螺旋芯向后调节时，涡流室加深，喷雾角度小，雾滴变粗，射程增加，可用来喷洒树的顶部；当螺旋芯调向前时，涡流室变浅，喷雾角增大，雾滴变细，射程变短，可用来喷洒树的低处。

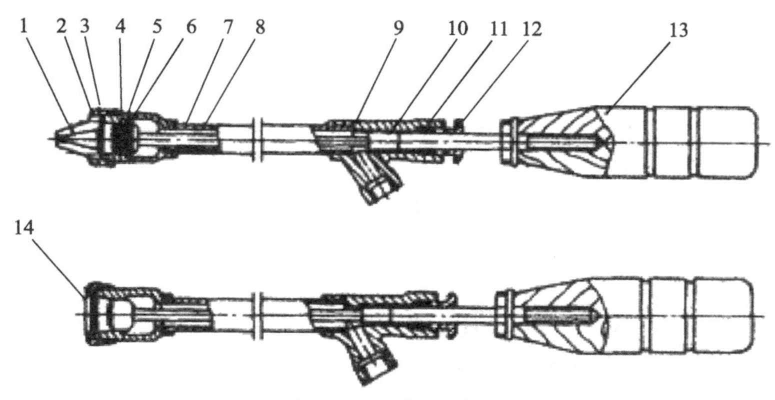

图 4-18 可调式喷枪

1- 喷嘴 2- 喷嘴帽 3- 塑料垫圈 4- 喷头帽座 5- 关闭塞 6- 螺旋芯 7- 调节管 8- 枪管 9- 三通 10- 调节杆 11- 密封圈 12- 压帽 13- 调节手轮 14- 喷头片

（四）配套动力和机架

1. 配套动力

担架式喷雾机的配套动力主要为四冲程小型汽油机和柴油机。功率范围在 2.2 ~ 3 kW，由于药液泵转速一般在 600 ~ 900 r/min，所以配套动力机最好为减速型，输出转速 1 500 r/min 为好。担架式喷雾机配套动力产品型号主要有四冲程 165F 汽油机、165F 和 170F 柴油机。一般泵流量在 36 L/min 以下的可配 165F 汽油机或柴油机；40 L/min 泵配 170F 柴油机。用三角皮带一级减速传动即可满足配套要求。此外，为满足有电源地区需要，还可配电动机。

2. 机架

担架式喷雾机的机架通常用钢管或角钢焊接而成。一般为双井字轿式抬架（图 4-9），为了担架起落方便和机组的稳定，支架下部有支承脚，四支把手有的为固定式，有的为可拆式或折叠式。动力机和泵的底脚孔，通常做成长孔，便于调节中心距和皮带的张紧度。为了操作安全，三角皮带传动处，必须安装防护罩，以保护人身安全和防止杂草缠入。

担架式喷雾机是果园用植保机械的重要品种之一。为了提高工效，许多地方将担架式喷雾机的药液泵和液箱固定在手扶拖拉机上，收到较好效果。因此，各生产厂家还可以不带机架和动力，以单泵加喷洒装置等多种形式供货，用户可根据需要选购单机、单件。

三、使用注意事项

以工农 -36 型喷雾机为例说明如下：

（1）按说明书的规定将机具组装好，保证各部件位置正确、螺栓紧固，皮带及皮带轮运转灵活，皮带松紧适度，防护罩安装好，将胶管夹环装上胶管定块。

（2）按说明书规定的牌号向曲轴箱内加入润滑油至规定的油位。以后每次使用前及使用中都要检查，并按规定对汽油机或柴油机检查及添加润滑油。

（3）正确选用喷洒及吸水滤网部件：

①对于水稻或邻近水源的高大作物、树木，可在截止阀前装混药器，再依次装上 ϕ13 mm 喷雾胶管及远程喷枪。田块较大或水源较远时，可再接长胶管 1 ~ 2 根。用于水田在田里吸水时，吸水滤网上要有插杆。

②对于施液量较少的作物，在截止阀前装上三通（不装混药器）及两根 ϕ8 mm 喷雾胶管及喷杆、多头喷头。在药桶内吸药时吸水滤网上不要装插杆。

（4）启动和调试。

①检查吸水滤网，滤网必须沉没于水中。

②将调压阀的调压轮按反时针方向调节到较低压力的位置，再把调压柄按顺时针方向扳足至卸压位置。

③启动发动机，低速运转 10 ~ 15 min，若见有水喷出，并且无异常声响，可逐渐提高至额定转速。然后将调压手柄向逆时针方向扳足至加压位置，并按顺时针方向逐步旋紧调压轮调高压力，使压力指示器指示到要求的工作压力。

④调压时应由低向高调整压力。因由低向高调整时指示的数值较准确，由高向低调指示值误差较大。可利用调压阀上的调压手柄反复扳动几次，即能指示出准确的压力。

⑤用清水进行试喷。观察各接头处有无渗漏现象，喷雾状况是否良好，混药器有无吸力。

⑥混药器只有在使用远程喷枪时才能配套使用。如拟使用混药器，应先进行

调试。使用混药器时，要待液泵的流量正常，吸药滤网处有吸力时，才能把吸药滤网放入事先稀释好的母液桶内进行工作。对于粉剂，母液的稀释倍数不能大于1 ：4（即 1 kg 农药加水不少于 4 kg），太浓了会吸不进。母液应经常搅拌，以免沉淀，最好把吸药滤网缚在一根搅拌棒上，搅拌时，吸药滤网也在母液中游动，可以减少滤网的堵塞。

（5）确定药液的稀释倍数。为使喷出的药液浓度能符合防治要求，必须确定母液的稀释倍数。确定母液稀释倍数的方法有查表法和测算法。

①查表法：根据苏农 -36 型担架式机动喷雾机的喷雾试验结果，喷出药液稀释倍数与母液稀释倍数的关系列在表 4-2，可参考使用。查表方法为：根据防治要求，确定好需要喷射药液的稀释倍数，查找表中“喷枪排液稀释倍数”栏内相同的稀释倍数，再根据所选定的 T 形接头孔径，找到相应的“小孔”或“大孔”栏内的母液稀释倍数，即为所需的母液中原药、原液的稀释倍数。例如，某稻田治虫，要求喷洒的药液稀释倍数为 1∶300，选择 T 形接头的小孔，查表 4-2 得知母液稀释倍数为 1∶18，即 1 kg 药兑 18 kg 水。

表 4-2　喷出药液浓度与母液稀释浓度的关系

喷枪排液稀释倍数	母液稀释倍数		喷枪排液稀释倍数	母液稀释倍数	
	小孔	大孔		小孔	大孔
1 ：80	1 ：4	1 ：6.5	1 ：500	1 ：31	1 ：47
1 ：100	1 ：5.5	1 ：8.5	1 ：600	1 ：38	1 ：57
1 ：120	1 ：6.5	1 ：10.5	1 ：800	1 ：51	1 ：76
1 ：160	1 ：9.5	1 ：14.5	1 ：1 000	1 ：64	1 ：96
1 ：200	1 ：12	1 ：18.5	1 ：1 200	1 ：77	1 ：115
1 ：250	1 ：15	1 ：23	1 ：1 600	1 ：100	1 ：155
1 ：300	1 ：18	1 ：28	1 ：2 000	1 ：130	1 ：190
1 ：350	1 ：22	1 ：33	1 ：2 500	1 ：160	
1 ：400	1 ：25	1 ：38	1 ：3 000	1 ：190	

注：（1）本表实验数据的工作条件是：液泵的工作压力为 2.0 MPa。
（2）喷枪排液稀释倍数和母液稀释倍数均指 1 份原业与若干份水之比。
（3）小孔、大孔，指混药器的透明塑料管插在 T 形接头上的小孔或大孔上。

这种查表方法虽然简单方便，但由于液泵、喷枪以及混药器在使用中的工作状况往往会发生一些变化，如机件磨损、转速不稳定、压力变化以及喷雾胶管长短的不同等，都会影响混药器的吸药量和喷枪的喷出量，造成喷出药液浓度的差异，如仍按表中的比例关系配制母液，就可能使施药量过多而产生药害，或施药量不足而达不到防治效果。因此，在进入田间使用前，最好先进行校核，得出较准确的结果后再按此数据在田间实际使用。

校核方法：

先测出单位时间内喷枪的喷雾量 A_P（kg/s），再测出单位时间内水泵吸入母液的量 B（kg/s）（可测母液桶内液体单位时间内减少的质量）。

喷雾药液的稀释倍数

$$C=\frac{A_P-B\times\frac{1}{1+m}}{B\times\frac{1}{1+m}}\approx\frac{A_P(1+m)}{B}$$

式中：m—表 4-2 中母液所含清水为药液的倍数。

根据校核结果，可再适当调整母液浓度，再逐次校核，最后得到要求的喷枪排液浓度。

②测算法：根据防治对象，确定喷药浓度，选择好 T 形接头的孔径，将混药器的塑料管插入接头，套好管封，再将吸药滤网和吸水滤网分别放入已知药液量（乳剂可用清水代替）的母液桶和已知水量的清水桶内，开动发动机进行试喷。经过一定时间的喷射后，停机并记下喷射时间 t（s），然后，分别称量出桶内剩余的母液量和清水量。把喷射前母液桶内原先存放的药液量减去剩余的药液量，即得混药器在 t 秒内吸入的母液量。同理，可算出吸水量。把吸母液量和吸水量相加，除以时间 t，即得喷枪的喷雾量（kg/s）。则喷枪的喷雾浓度和母液之间的关系是：

$$m=\frac{BC}{A_P}-1$$

式中：A_P—单位时间内喷枪的喷雾量（kg/s）；

B—单位时间内混药器吸入的母液量（kg/s）；

C—喷雾药液的稀释倍数；

m—母液的稀释倍数。

上式中，A_P、B 值在试喷中测定，C 为农艺要求的给定值，如防治某种病虫害，农艺要求喷雾药液稀释倍数为 1 ∶ 1 000，即 C 值为 1 000，所以，就可以计算出 m 值。

例如，用 50% 杀螟硫磷乳油配成母液防治水稻螟虫，要求喷枪的喷雾液稀释倍数为 1 ∶ 1 000，已知喷枪喷雾量为 0.48 kg/s，混药器吸母液量为 0.048 kg/s（以 T 形接头大孔吸药），问母液稀释倍数应是多少？

解：由题意已知；

A_P=0.48（kg/s）

B = 0.048（kg/s），C=1 000

$$m=\frac{BC}{A_{\mathrm{P}}}-1=\frac{0.048\times1000}{0.48}-1=100-1=99$$

母液稀释倍数为 1 ∶ 99，即 1 kg 药兑 99 kg 水。

在喷雾时，为了使喷雾药液浓度的误差不致太大，新机具第一次使用和长期未用的旧机重新使用时，都必须进行试喷，进行测算。工作时液泵的压力和喷雾胶管的长短都应和试喷测定时相同。

（6）田间使用操作。注意使用中液泵不可脱水运转，以免损坏胶碗。在启动和转移机具时尤需注意。

在稻田使用时，将吸水滤网插入田边的浅水层（不少于 5 cm）里，滤网底的圆弧部分沉入泥土，让水层顺利通过滤网吸入水泵。田边有水渠供水时，可将吸水滤网放在渠水里。在果园使用时可将吸水滤网底部的插杆卸掉，将吸水滤网放在药桶里。如启动后不吸水，应立即停车检查原因。

吸水滤网在田间吸水时，如滤网外周吸附了水草后要及时清除。

机具转移生产地点路途不长时（时间不超过 15 min）可按下述操作，不停车转移：

①降低发动机转速，怠速运转。

②把调压阀的调压手柄往顺时针方向扳足（卸压），关闭截止阀，然后才能将吸水滤网从水中取出，这样可保持部分液体在泵体内部循环，胶碗仍能得到液体润滑。

③转移完毕后立即将吸水滤网放入水源，然后旋开截止阀，并迅速将调压手柄往反时针方向扳足至升压位置，将发动机转速调至正常工作状态，恢复田间喷药状态。

喷枪喷药时不可直接对准作物喷射，以免损伤作物。喷近处时，应按下扩散片，使喷洒均匀。向上对高树喷射时，操作人员应站在树冠外，向上斜喷，喷药时要注意喷洒均匀。当喷枪停止喷雾时，必须在液泵压力降低后（可用调压手柄卸压），才可关闭截止阀，以免损坏机具。

喷雾操作人员应穿戴必要的防护用具，特别是掌握喷枪或喷杆的操作人员。喷洒时应注意风向，应尽可能顺风喷洒，以防止中毒。

在机具的所有使用过程以及对农药的使用保管中，必须严格遵守各项安全操作规程，不得马虎大意。

每次开机或停机前，应将调压手柄扳在卸压位置。

四、维护保养注意事项

（1）每天作业完后，应在使用压力下，用清水继续喷洒 2 ~ 5 min，清洗泵内和管路内的残留药液，防止药液残留内部腐蚀机件。

（2）卸下吸水滤网和喷雾胶管，打开出水开关；将调压阀减压手柄往逆时针方向扳回，旋松调压手轮，使调压弹簧处于自由松弛状态。再用手旋转发动机或液泵，排除泵内存水，并擦洗机组外表污物。

（3）按使用说明书要求，定期更换曲轴箱内机油。遇有因膜片（隔膜泵）或油封等损坏，曲轴箱进入水或药液，应及时更换零件修复好机具并提前更换机油。清洗时应用柴油将曲轴箱清洗干净后，再换入新的机油。

（4）当防治季节工作完毕，机具长期贮存时，应严格排除泵内的积水，防止天寒时冻坏机件。应卸下三角皮带、喷枪、喷雾胶管、喷杆、混药器、吸水滤网等，清洗干净并晾干。能悬挂的最好悬挂起来存放。

（5）对于活塞隔膜泵，长期存放时，应将泵腔内机油放净，加入柴油清洗干净，然后取下泵的隔膜和空气室隔膜，清洗干净放置阴凉通风处，防止过早腐蚀、老化。

第四节　喷杆喷雾机

喷杆喷雾机（图 4-19）是装有横喷杆或竖喷杆的一种液力喷雾机。它作为能为大田作物高效、高质量的喷洒农药的机具，近年来，已深受我国广大农民的青睐。

图 4-19　喷杆喷雾机

该机具可广泛用于大豆、小麦、玉米和棉花等农作物的播前、苗前土壤处理、作物生长前期灭草及病虫害防治。装有吊杆的喷杆喷雾机与高地隙拖拉机配套使用可进行诸如棉花、玉米等作物生长中后期病虫害防治。该类机具的特点是生产率高，喷洒质量好（安装狭缝喷头时喷幅内的喷雾量分布均匀性变异系数不大于20%），是一种理想的大田作物用大型植保机具。

一、喷杆喷雾机的种类

喷杆喷雾机的种类很多，可分为下列几种。

（一）按喷杆的型式分三类

（1）横喷杆式喷杆水平配置，喷头直接装在喷杆下面是常用的机型。

（2）吊杆式在横喷杆下面平行地垂吊着若干根竖喷杆，作业时，横喷杆和竖喷杆上的喷头对作物形成门字形喷洒，使作物的叶面、叶背等处能较均匀地被雾滴覆盖。主要用在棉花等作物的生长中后期喷洒杀虫剂、杀菌剂等。

（3）气袋式在喷杆上方装有一条气袋，有一台风机往气袋供气，气袋上正对每个喷头的位置都开有一个出气孔。作业时，喷头喷出的雾滴与从气袋出气孔排出的气流相撞击，形成二次雾化，并在气流的作用下，吹向作物。同时，气流对作物枝叶有翻动作用，有利于雾滴在叶丛中穿透及在叶背、叶面上均匀附着。主要用于对棉花等作物喷施杀虫剂。这是一种较新型的喷雾机，我国目前正处在研制阶段。

（二）按与拖拉机的连接方式分三类

（1）悬挂式喷雾机通过拖拉机三点悬挂装置与拖拉机相连接。

（2）固定式喷雾机各部件分别固定地装在拖拉机上。

（3）牵引式喷雾机自身带有底盘和行走轮，通过牵引杆与拖拉机相连接。

（三）按机具作业幅宽分三类

（1）大型喷幅在 18 m 以上，主要与功率 36.7 kW 以上的拖拉机配套作业。大型喷杆喷雾机大多为牵引式。

（2）中型喷幅为 10 ~ 18 m，主要与功率在 20 ~ 36.7 kW 的拖拉机配套作业。

（3）小型喷幅在 10 m 以下，配套动力多为小四轮拖拉机和手扶拖拉机。

二、喷杆喷雾机的结构

图 4-20 为一种悬挂在中型拖拉机上的喷杆式喷雾机，主要用于水稻、小麦、大豆以及甘蔗、玉米苗期的大面积的化学除草、治虫、灭病的喷雾作业。该机主要由药液箱、射流式搅拌器、分配阀、过滤器、液泵、变速箱、折叠喷杆桁架和防滴喷头等组成。

该机主机组悬挂在拖拉机上，药液箱左右分置在前后轮两侧挡泥板上部。利用拖拉机输出的动力，通过万向节轴传动，经变速箱增速后，直接驱动液泵，由液泵输出的一定压力的液流，一股经过滤器到分配阀，再经喷雾胶管至喷头进行作业。另两股分别输送到左右药液箱，经射流式搅拌器喷出，以搅拌药液。

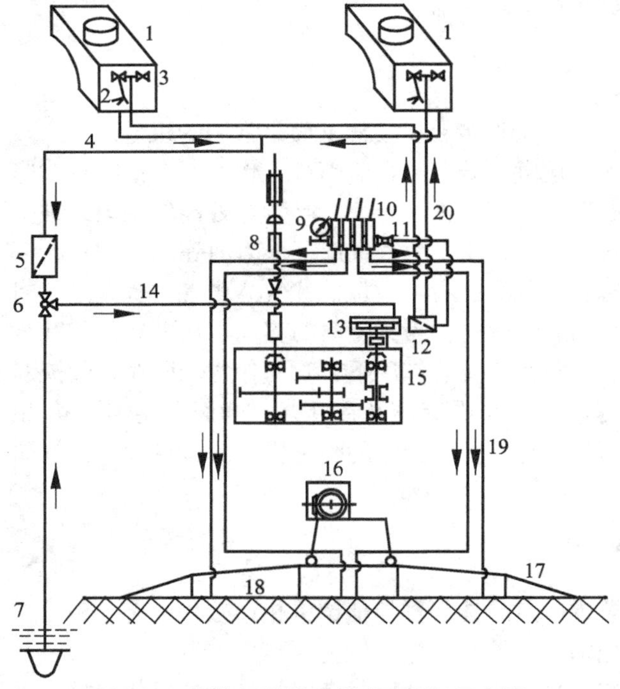

图 4-20　拖拉机悬挂喷杆式喷雾机示意图

1- 左右液箱　2- 射流式搅拌器　3- 液箱球阀
4- 吸药管部件　5- 吸液过滤器　6- 吸水球阀
7- 吸水管部件　8- 万向节部件　9- 压力表
10- 四路分配阀　11- 喷雾球阀　12- 出液过滤器
13- 液泵　14- 泵阀连接管部件　15- 变速箱
16- 蜗轮箱　17- 折叠桁架　18- 防滴喷头
19- 喷雾胶管部件　20- 出水胶管部件

液泵为单级自吸离心泵，转速为 5 000 r/min 时流量为 300 L/min，也可以利用该泵向药液箱加水。该机可根据作物不同高度，可进行高度调节 50 ~ 100 cm，喷幅为 12 m。

适用于喷杆喷雾机的喷头有狭缝喷头和空心圆锥雾喷头等几种。狭缝喷头的扁平雾流，在喷头中心部位处雾量多，往两边递减，装在喷杆上相邻喷头的雾流交错重叠，正好使整机喷幅内雾量分布趋于均匀。国产刚玉瓷狭缝喷头按喷雾角分为两个系列：110 系列喷头的喷雾角是 110°，主要用于播前、苗前的全面土壤处理；60 系列喷头的喷雾角是 60°，用于苗带喷雾。刚玉瓷狭缝喷头的规格见表 4-3。喷头的喷量偏差为 ±10%；喷雾角的偏差为 ±10° 。

表 4-3　刚玉瓷狭缝喷头的性能规格

编号	60 系列型号	110 系列型号	外套颜色	不同压力下的喷量 /（mL/min）				
				0.1 MPa	0.2 MPa	0.3 MPa	0.4 MPa	0.5 MPa
2	6006	11006	黄	346	490	600	693	725
3	6008	11008	粉红	491	694	850	981	1 097
4	6012	11012	大红	693	978	1 200	1 386	1 549
5	6017	11017	绿	981	1 388	1 700	1 963	2 195
6	6024	11024	蓝	1 386	1 960	2 400	2 771	3 098
7	6034	11034	灰	1 963	2 776	3 400	3 926	4 398
8	6048	11048	黑	2 771	3 916	4 800	5 543	6 197
9	6068	11068	白	3 926	5 552	6 800	7 852	8 879
10	6096	11096	棕	5 543	7 838	9 600	11 085	12 393

还有一种均匀雾狭缝喷头，在扇形雾流内雾量分布均匀，适用于苗带喷雾，国内目前尚无产品。国产喷杆喷雾机上使用的空心圆锥雾喷头有切向进液喷头和旋水芯喷头两种，主要用于喷洒杀虫剂、杀菌剂和作物生长调节剂。切向进液喷头与手动喷雾器上的相同。旋水芯喷头的规格见表 4-4。

表 4-4　旋水芯喷头的性能规格

型　号	NP-07	NP-10	NP-13	NP-16	NP-18	NP-20
标 记 号	07	10	13	16	18	20
喷孔直径 /mm	0.7	1.0	1.3	1.6	1.8	2.0
0.4 MPa 时的喷量 /（mL/min）	250	360	450	600	650	750

为了消除停喷时药液在残压作用下沿喷头滴漏而造成药害，多配有防滴装置。防滴装置共有三种部件，可以按三种方式配置。三种部件为：膜片式防滴阀、球式防滴阀、真空回吸三通阀。三种配置方式为：膜片式防滴阀加口吸阀、球式防滴阀加回吸阀、膜片式防滴阀。用以上三种中的任何一种配置均可获得满意的防滴效果。

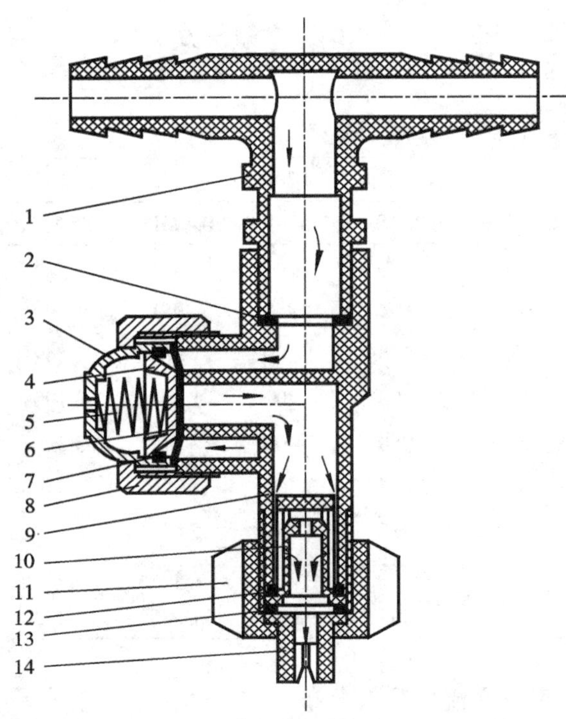

图 4-21　膜片式防滴阀示意图

1- 三通　2- 垫圈　3- 弹簧盒　4- 弹簧座　5- 弹簧　6- 膜片　7- 卡簧　8- 阀帽　9- 阀体　10- 滤网　11- 喷头帽　12、13- 垫片　14- 喷嘴

（1）膜片式防滴阀有多种型式，大多由阀体、阀帽、膜片、弹簧、弹簧盒、弹簧盖组成，其结构示意见图 4-21。

工作原理为：打开喷雾机上的截流阀时，由液泵产生的压力通过药液传递到膜片的环状表面，又通过弹簧盖传递到弹簧。当此压力超过调定的阀开启压力时，弹簧受压缩，药液即冲开膜片流往喷头进行喷雾。在截流阀被关的瞬间，喷头在管路残压的作用下继续喷雾，管路中的压力急骤下降，当压力下降到调定的阀关闭压力时，膜片在弹簧作用下迅速关闭出液口，从而有效地防止管路中的残液沿喷头下滴，起到了防滴的作用。

（2）球式防滴阀同喷头滤网组成一体，直接装在普通的喷头体内，它由阀体、滤网、玻璃球和弹簧组成，其结构见图 4-22，工作原理与膜片式防滴阀相同，只是将膜片换成了玻璃球。由于玻璃球与阀体是刚性接触，又不可避免地存在着制造误差，所以密封性能较膜片式防滴阀差。

（3）真空回吸三通阀常用的是圆柱式回吸阀，它由阀体、阀芯、阀盖手柄、射流管、进液段等组成。

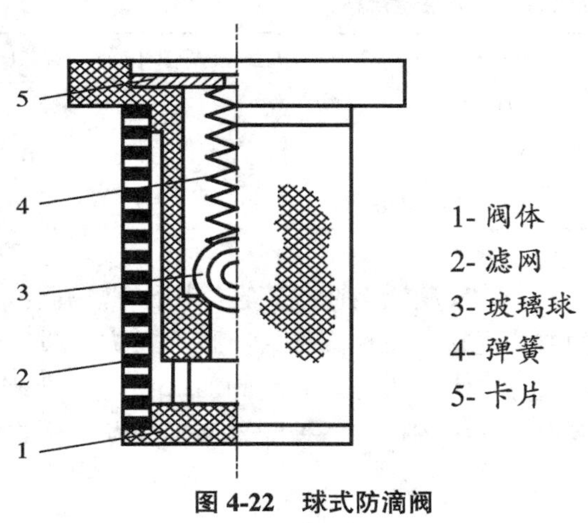

图 4-22　球式防滴阀

工作原理为：当喷雾时［图 4-23（a）］回吸通道关闭，从泵来的高压液体直接通往喷杆进行喷雾。转动手柄，回吸阀处于回吸状态［图 4-23（b）］，这时，从泵来的高压水通过射流管再流回药液箱。在射流管的喉部，由于其截面积减小，流速很大。于是产生了负压，把喷杆中的残液吸回药液箱，配合喷头处的防滴阀，即可有效地起到防滴作用。

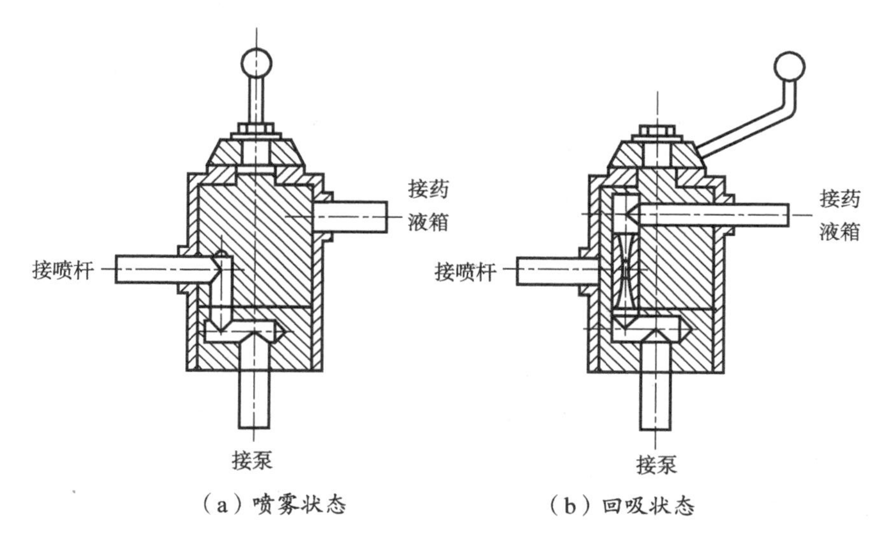

图 4-23　圆柱式回吸三通阀示意图

三、喷杆喷雾机的使用和保养

（一）确定各项喷雾参数

1. 喷头的选用和布置方式

横喷杆式喷雾机喷洒除草剂作土壤处理时，要求雾滴覆盖均匀，常安装 N100 系列刚玉瓷狭缝喷头。通常喷杆上的喷头间距为 0.5 m，为获得均匀的雾量分布，作业时喷头的离地高度以 0.5 m 为好。这样，在整个喷幅内雾量分布最为均匀。

用横喷杆式喷雾机进行苗带喷雾时，常安装 N60 系列刚玉瓷喷头。喷头间距和作业时喷头离地高度可按作物的行距和高度来确定。

吊杆式喷雾机主要是对棉花等作物喷洒杀虫剂，因此，可如图 4-24 那样，在横喷杆上棉株的顶部位置安装一只空心圆锥雾喷头自上向下喷，在吊杆上根据棉株情况安装若干个相同的喷头。这样，就形成立体喷雾，达到较好的防治效果。

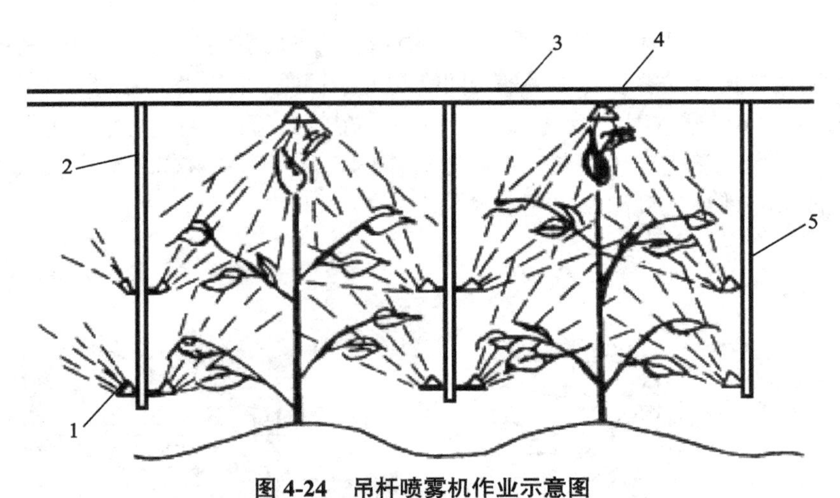

图 4-24 吊杆喷雾机作业示意图

1- 吊杆喷头 2- 吊挂喷杆 3- 横喷杆 4- 顶喷头 5- 边吊喷杆

2. 喷头数量的校核

当用户因自行增大喷幅，换用大喷量喷头等改变喷雾机原来的设计时，就需要校核所用的喷头数量是否合适。通常为保证液泵回水进行搅拌，各喷头喷量的总和应小于液泵排量的 88%，即：

$n < 0.88Q/q$

式中：n—喷头数量（个）；

Q—液泵排量（L / min）；

Q—单个喷头的喷量（L / min）。

喷头喷量可参见表 4-3 和表 4-4。

3. 药液箱应加的农药

设喷雾机药液箱容量为 V L，即可盛 V kg 水，已知农药原药或原液中所含的有效成分为 ε%，农艺上要求喷洒药液中有效成分的含量为 β%，则一箱水应加的农药原液或原药可按下式求出：

$$x = \beta/\varepsilon \times V\text{（kg）}$$

如药液箱容量 650 L，即可盛水 650 kg，农药原液中有效成分的含量为 75%，要求喷洒的药液的有效成分含量为 0.1%，则一箱水中应加 $x = 0.1/75 \times 650 = 0.866\,7$ kg 农药原液。

4. 喷完一箱药液所需的时间

所需时间 t 可按下式计算：

$$t = Q/q_{总}$$

式中：Q—药液箱有效容量（L）；

$q_{总}$—喷雾机全部喷头的总喷量（L/s）。

5. 一箱药液可喷面积

可喷洒的面积 A 可按下式计算：

$$A = Q/p\text{（亩）}$$

式中：p—预定每亩的施液量（L/ 亩）。

6. 拖拉机的行走速度

行走速度 v 可按下式计算：

$$v = 666.7/Bt\text{（m / s）}$$

式中：B—喷杆喷雾机的喷幅（m）。

计算出 v 值后，可选择拖拉机相应的速度档进行作业。

（二）调整和校准

（1）机具准备喷雾前按说明书要求做好机具的准备工作如对运动件润滑，拧紧已松动的螺钉、螺母，对轮胎充气等。

（2）检查雾流形状和喷嘴喷量在药液箱里放入一些水，原地开动喷雾机在工作压力下喷雾，观察各喷头雾流形状，如有明显的流线或歪斜应更换喷嘴。然后在每一个喷头上套上一小段软塑料管，下面放上容器，在正常工作压力下喷雾，用停表计时，收集在 30～120 s 时间内每个喷头的雾液，测定每一样品的液量，计算出全部喷头 1 min 的平均喷量。喷量高于或低于平均值 10%的喷嘴应更换。

（3）校准喷雾机校准的方法有好几种，下面是其中一个方法。在将要喷雾的田里量出 50 m 长，在药液箱里装上半箱水，调整好拖拉机前进速度和工作压力，在已测量的田里喷水，收集其中一个喷头在 50 m 长的田里喷出的液体，称量或用量杯测出液体的克数或毫升数，则

$$\text{实际施药液量（L/ 亩）} = \frac{1}{75} \times \frac{\text{毫升数}}{\text{喷头间距（m）[或作物行距（m）/ 每行内喷头数]}}$$

（4）改变施液量如实际施液量不符合要求，能用下面三种方法改变：

改变工作压力，由于压力要增加为 4 倍，喷量才增加 1 倍，压力调得太高或太低会改变雾流形状和雾滴尺寸，所以只适用于施液量改变不大的情况；改变前进速度，亦只适合于施液量变动量小于 25%时；改变喷嘴号。

（三）搅拌

彻底和仔细地搅拌农药是喷雾机作业中的重要步骤之一。搅拌不匀将造成施药不均匀，时多时少。如果搅拌不当的话一些农药能形成转化乳胶，它是一种黏稠的蛋黄酱似的混合物，既不易喷雾，又不易清除。可以在药液箱里加入约半箱水后加入农药，边加水边加药。像可湿性粉剂一类农药要一直搅拌到一箱药液喷完为止。对于一些乳油和可湿性粉剂如果事先在小容器里加水混合成乳剂或糊状物，然后再加到存有水的药液箱中搅拌，往往可以搅拌得更均匀。

（四）田间操作

驾驶员必须注意保持前进速度和工作压力，同时还应注意：喷头堵塞和泄漏；控制行走方向，不使喷幅与上一行重叠和漏喷；药液箱用空，造成泵脱水运转；喷杆碰撞障碍物等。

（五）清洗

每喷洒一种农药之后、喷雾季节结束后或在修理喷雾机时必须仔细地清洗喷雾机。在每次加药时，溅落在喷雾机外表面上的农药应立即清除。

喷雾机外表要用肥皂水或中性洗涤剂彻底清洗，并用水冲洗。坚实的药液沉积物可用硬毛刷刷去。

用过有机磷农药的喷雾机，内部要用浓肥皂水溶液清洗。喷有机氯农药后用醋酸代替肥皂清洗。最后泵吸肥皂水通过喷杆和喷头加以清洗。

喷头和滤网亦用上述溶液清洗。

清洗喷雾机要穿戴上防护用品，以防接触农药。

（六）贮存

喷雾季节结束后保存好喷雾机可以延长其使用寿命，并能在下季度工作时及时使用。

贮存前要清洗喷雾机；取下铜质的喷嘴、喷头片和喷头滤网，放入清洁的柴油瓶中；用无孔的喷头片装入喷头中，以防脏物进入管路。最好将喷雾机置于棚内，防止塑料药液箱受到日晒。

第五节　静电喷雾机

为了提高药液沉附在农作物表面上的百分率，近年来国内外对静电喷雾技术进行了广泛深入的研究。据试验表明，静电力一般对大的颗粒没有多大作用，它不能影响从喷施设备到目标物间的基本轨道。但是，如果一个带电的颗粒达到目标区时没有足够的惯性力来引起冲击，电荷即能增加沉附机会，提高雾滴在农作物上沉降率，尤其是对于小颗粒，将会减少飘移的数量，这对微量喷雾来说是十分必要的。

静电喷雾技术是应用高压静电使雾滴充电。静电喷雾装置的工作原理是通过充电装置使雾滴带上一极性的电荷，同时，根据静电感应原理可知，地面上的目标物将引发出和喷嘴极性相反的电荷，并在两者间形成静电场。带电雾滴受喷嘴同性电荷的排斥，而受目标异性电荷的吸引，使雾滴飞向目标各个方面，不仅正面，而且能吸附到它的反面。据试验，一粒 20 μm 的雾滴在无风情况下（非静电力状态），其沉降速度为 3.5 cm/s，而一阵微风却能使它飘移 100 cm。但在 105V 高压静电场中使该雾滴带上表面电荷，则会以 40 cm/s 的速度直奔目标而不会被风吹跑。因此，静电喷雾技术的优点是提高了雾滴在农作物上的沉积量，雾滴分布均匀，飘移量减少，节省用药量，提高了防治效果，减少了对环境的污染。

静电喷头的结构（图 4-25）：

喷头座的中央为药液管，周围有倾斜的气管。喷头是由导电的金属材料制成，它是接地的或和大地电位接通，从而使液流保持或接近于大地电位。在雾滴形成区所形成的雾流，其雾滴因静电感应而带电，并被气流带动吹出喷头。喷头壳体是由绝缘材料制成的。高压直流电源的作用是将低压输入变为高压输出，电压可从几千伏到几十千伏的范围内调节。高压电源是一个微型电子电路，其中的振荡器可使低压直流电源变换为高压交流输出；变压器将振荡器的低压交流变换为高压交流输出；整流器将变压器的高压交流输出变换为直流电；调节器用来调节高压交流输出电压，高压电源通过高压引线接到电极上。

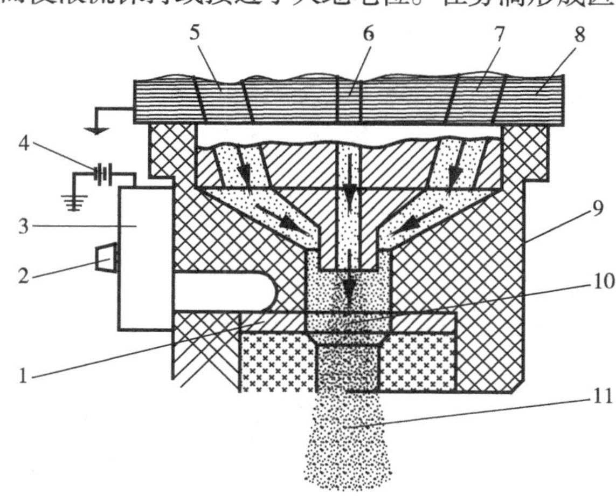

图 4-25　静电喷头

1- 环行电极　2- 调节器　3- 高电压直流电器　4-12V 直流电源　5- 高压空气入口　6- 高压液体入口　7- 喷头座　8- 壳体　9- 雾滴形成区　10- 雾流　11- 雾流

静电喷雾的技术要点首先需要使雾滴带电，同时与目标（农作物）之间产生静电场。静电喷雾装置使雾滴带电的方式主要有三种：电晕充电、接触充电和感应充电。

电晕充电［图 4-26（a）］：在喷头出口雾化区备有一个或数个电极尖端，在它们附近产生一个高强度电场，利用针状电极电晕放电所形成的离子轰击雾滴，使通过该电场区的雾滴带电。特点是结构简单，先雾化后充电。

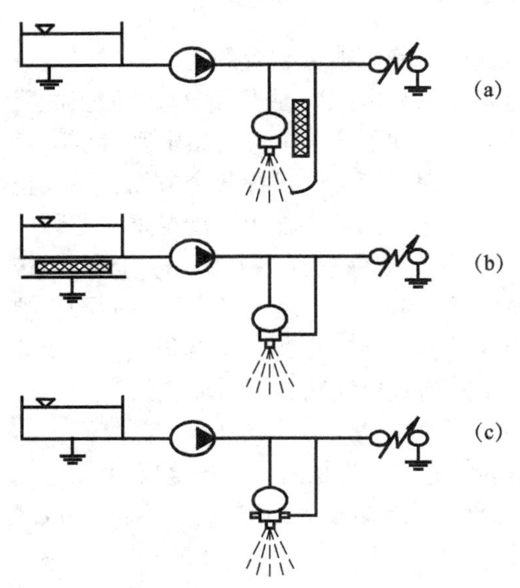

（a）电晕充电　（b）接触充电　（c）感应充电

图 4-26　雾滴充电方式

接触充电［图 4-26（b）］：将雾化元件作为电极，高压电直接连接在即将雾化的药液上。因此，对雾化中的液体直接进行充电，当药液雾化后便带有电荷。特点是充电效率高，结构比较复杂，必须保持设备有良好的绝缘。

感应充电图［4-26（c）］：在喷头雾化区设置环状电极，形成感应电场，经喷口雾化的雾滴通过高强度电场时而充电。特点是充电效率不高，充电电压较低，适合于小型手持式喷雾机或背负式机动喷雾机上。

国外比较注意静电喷雾的基础理论研究。尤其是在充电方式、农药用量、雾滴尺寸、空气相对温度、湿度、运载气流等因素对带电雾滴的沉降效果都做了较深入的室内外试验，并研究成功了一些充电和雾化系统。国外小型静电喷雾机已进入实用阶段，而大田用静电喷雾机尚处于试验研究阶段。

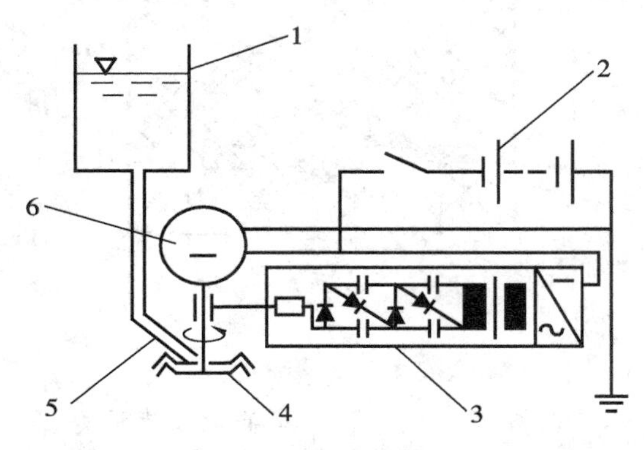

图 4-27　转盘手持式微量喷雾器接触充电示意图

1- 药液瓶　2- 电源　3- 静电发生器
4- 转盘　5- 滴管　6- 微电机

我国静电喷雾技术在农业植保上的应用研究始于 20 世纪 70 年代后期，且多数是以转盘式手持微量喷雾机为基础进行研制的（图 4-27）。

转盘式手持微量静电喷雾器为

接触充电方式。其工作原理：一般用干电池或蓄电池作电源，电源电压为6V，经过振荡变压，再经倍压整流得到1万～2万V的直流高压，直接加在药液出口液管上，滴管是不锈钢制成，当药液经滴管时带上电荷，经转盘的高速旋转产生离心力，将药液甩出而雾化成细小带电雾滴。此时转盘与作物之间同时形成一个电场，带电雾滴在电场力作用下到达农作物表面。

第六节　航空植保

航空植保机械的发展已有几十年的历史，尤其在近十几年来发展很快，除用于病虫防治外，还可进行播种、施肥、除草、人工降雨、森林防护及繁殖生物等许多方面。

目前农业上使用的飞机主要采用单发动机的双翼、单翼及直升飞机、遥控无人机，适用于大面积平原、林区及山区，可进行喷雾、喷粉和超低量喷雾作业。飞机作业的优点是防治效果好、速度快、功效高，成本低。

一、运-5型双翼机

运-5型飞机是一种多用途的小型机，设备比较齐全，低空飞行性能良好，在平原作业可距作物顶端5～7 m，山区作业可距树冠15～20 m，作业速度160 km/h。起飞、降落占用的机场面积小，对机场条件要求较低。

（一）喷雾装置

该装置由药液箱、搅拌器、液泵、小螺旋桨、喷射部件及操纵机构等组成（图4-28）。

药液箱由不锈钢板制成，安装在机舱内，药箱容量为1 400 L。药箱内部装有液力搅拌器，药箱的下部出口处装有离心式液泵。它由小螺旋桨带动工作，转速可达2 300 r/min，排液量为8～20 L/s。液泵的出液口经药液

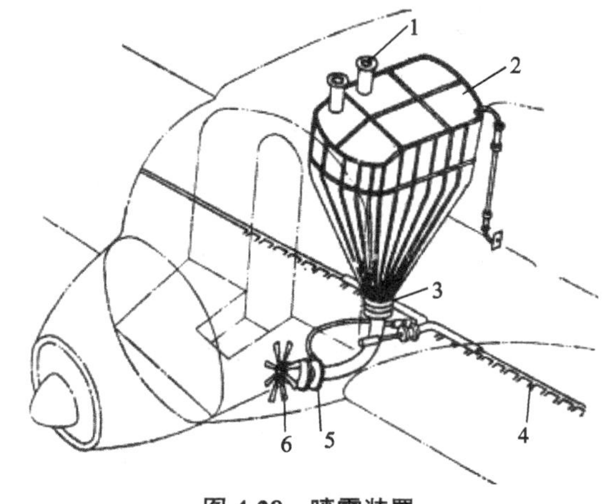

图4-28　喷雾装置

1-加液口　2-药液箱
3-出液口　4-喷射部件
5-液泵（离心泵）　6-小螺旋桨

阀门与机翼两端的喷液管相连。

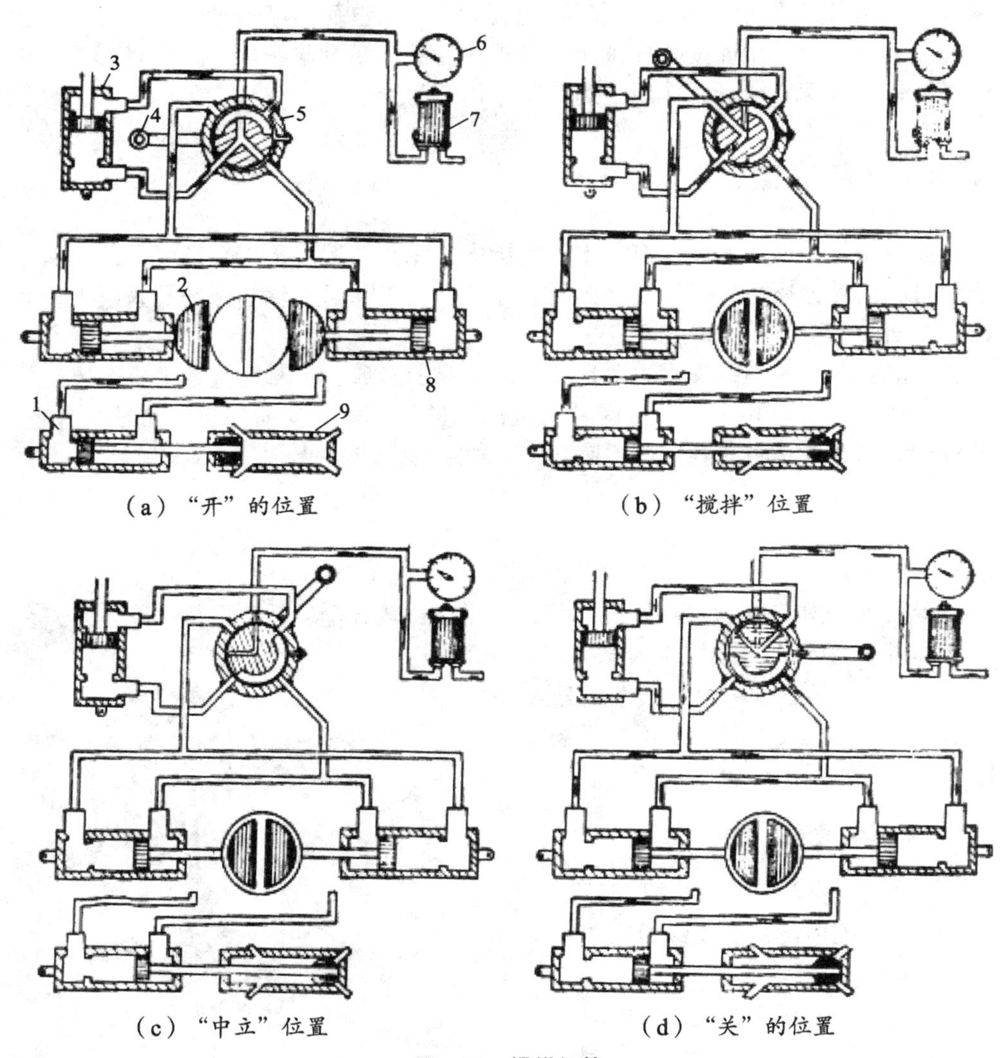

（a）“开”的位置　　（b）“搅拌”位置

（c）“中立”位置　　（d）“关”的位置

图 4-29　操纵机构

1- 喷液阀门作用缸　2- 喷粉活门　3- 风车制动器作用缸　4- 操纵手柄
5- 分配阀　6- 压力表　7- 调压器　8- 喷粉活门作用缸　9- 喷液阀门

操纵机构是一种气动装置，由操纵手柄、分配阀、作用筒、调压器及压力表等组成。在分配阀的周围设有4个接头，分别与出液口控制阀门及小螺旋桨制动器的作用筒相连。分配阀的中部有进气接头，与机上冷气管路内的压缩空气相连。操纵手柄有四个位置（图4-29），依顺时针方向分别为“开”“搅拌”（喷雾时用）、“中立”及“关”。当手柄移到“开”的位置，药液阀门被打开，小螺旋桨的制动器被松开，飞机即能进行喷雾作业，手柄移到“搅拌”位置，药液阀门关闭，小螺旋桨工作，药液被回送到药箱内进行搅拌；手柄在“中立”位置时，压缩空气通路被封闭，而管路中原来的压缩空气从放气小孔通大气，以减轻导管的负荷；当手柄移到“关”的位置，药液阀门被关闭，小螺旋被制动，喷雾装置便停止工作。

（二）药剂的沉降与分布

飞机在喷雾作业的飞行中，由于机翼下面和螺旋桨产生的空气涡流，使药剂在喷出后在运行方向受到很大干扰。因而影响了药剂的沉降与分布。

图4-30是某固定翼飞机以130 km/h的飞行速度作业时，涡流对雾滴沉降的影响图。从图4-30中可以看出，只是在机身中部4、5、6各点处的雾滴是直接向地面降落的，而喷杆左右两外侧部位的喷头喷出的雾滴呈卷状旋流，随风飘移，不易降落到地面。从图中还可看出，飞机右侧的涡流较左侧大，这是因螺旋桨的旋转方向造成的涡流，偏于右侧的缘故。

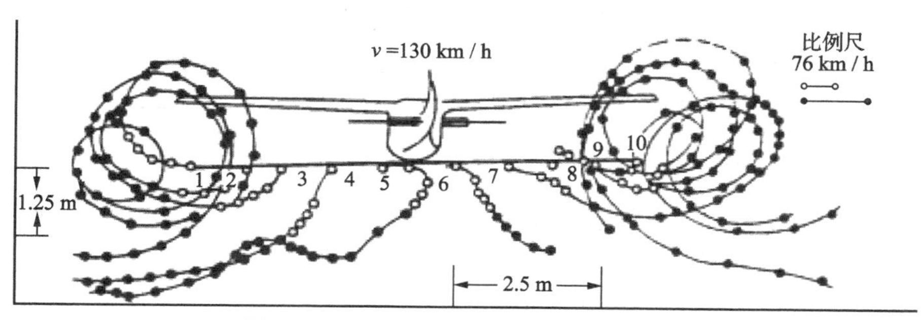

图4-30　单固定翼飞机作业时的涡流现象

图4-31是固定翼飞机作业时，喷滴沉降分布图。横坐标是一个来回的宽度，纵坐标是雾滴沉降量。可以看出，分布情况很差。

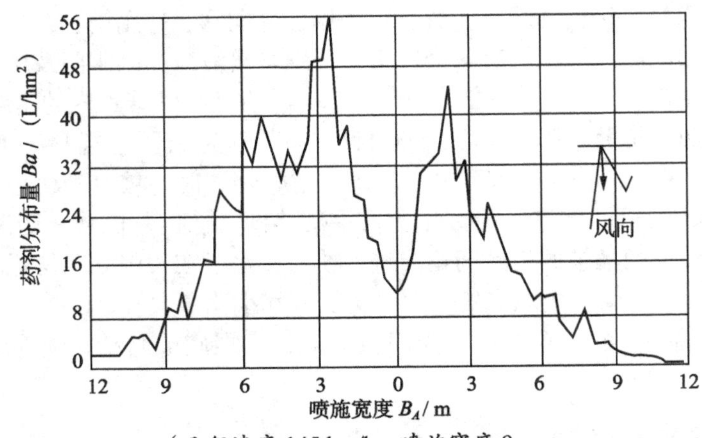

（飞行速度 145 km/h，喷施宽度 9 m，
在机翼后边缘安装 31 个 4 mm 的喷头，当时风速 2 m/s）

图 4-31　固定翼飞机雾滴沉降量分布图

图 4-32 是某直升飞机喷雾时产生的涡流情况，由螺旋桨在飞机两侧造成的涡流右边比左边强烈，这也是由螺旋桨的旋转方向造成的。

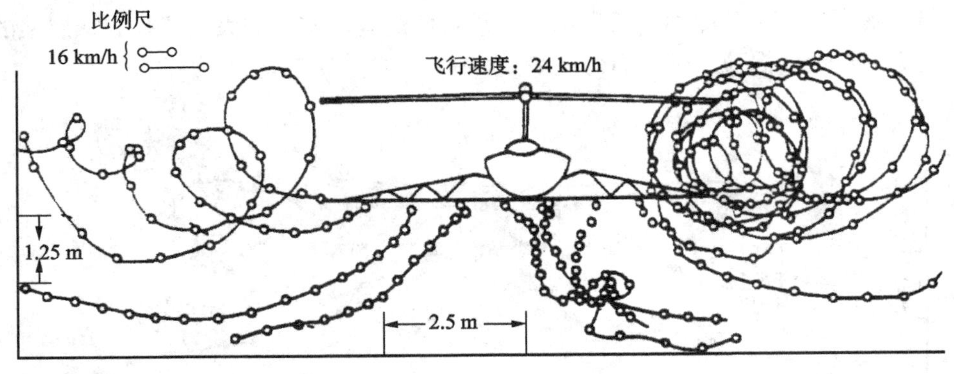

（飞行速度 v=24 km/h）

图 4-32　直升飞机形成的涡流

根据试验，减小喷杆长度，使之小于机翼长度，可防止机翼两侧和螺旋桨产生过大涡流。西德用直升飞机喷雾时，喷杆的长度不允许超过螺旋桨长度的 75%。这样，工作效率当然较低。

（三）地勤工作

航空喷药作业的地面工作是保证飞机在空中正常作业的先决条件。地面工作包括四个方面：

（1）作业行动的准备与安排。根据作业目标区的自然条件、面积大小、小区数目，估计作业量并准备好物料、人力和运输工具。

（2）临时机场及有关设施（药库、油库、水池等）的选择与建立。

（3）供应工作。加药队的人力、机械设备及运输工具的调度（按目前水平，一架飞机喷药需 8 ~ 10 人，喷粉需 15 ~ 20 人）。

（4）信号及航次安排。航班路线、喷洒顺序、联络信号和飞行指示标志等的规定与安排以及活动标志的调度等。每架飞机由人扛举活动标志需 8 ~ 12 人。

如果作业规模较小，面积不大，飞行架次不多，则宁可从原有基地出发作远征飞行，以免劳师动众。

二、植保无人机

植保无人机服务农业在日本、美国等发达国家得到了快速发展。1990 年, 日本山叶公司率先推出世界上第一架无人机，主要用于喷洒农药。我国南方首先应用于水稻种植区的农药喷洒。2016 年，农业植保无人机逐渐成为行业新宠，各地陆续出现使用无人机用于植保的案例。据农业部最新统计，截至 2016 年 6 月 5 日，我国生产专业级无人机的公司有 300 多家，其中有 200 多家是植保无人机生产厂家，生产各类植保无人机共 178 个品种，保有量超过 5 000 架。

一种遥控式农业喷药小飞机，机体型娇小而功能强大，可负载 8 ~ 10 kg 农药，在低空喷洒农药，每分钟可完成一亩地的作业。其喷洒效率是传统人工的 30 倍。该飞机采用智能操控，操作手通过地面遥控器及 GPS 定位对其实施控制，其旋翼产生的向下气流有助于增加雾流对作物的穿透性，防治效果好，同时远距离操控施药大大提高了农药喷洒的安全性。还能通过搭载视频器件，对农业病虫害等进行实时监控。

（一）植保无人机优势

无人驾驶小型直升机具有作业高度低，飘移少，可空中悬停，无需专用起降机场，旋翼产生的向下气流有助于增加雾流对作物的穿透性，防治效果高，远距离遥控操作，喷洒作业人员避免了暴露于农药中的危险，提高了喷洒作业安全性等诸多优点。另外，电动无人直升机喷洒技术采用喷雾喷洒方式至少可以节约50%的农药使用量，节约90%的用水量，这将很大程度地降低资源成本。电动无人机与油动的相比，整体尺寸小，重量轻，折旧率更低、单位作业人工成本不高、易保养。

（二）植保无人机机型对比

目前国内销售的植保无人机分为两类：油动植保无人机和电动植保无人机，二者对比如下（表4-5）：

表4-5 油动植保无人机和电动植保无人机对比

	油动植保无人机	电动植保无人机
优点	1. 载荷大，15 ~ 120 L 都可以 2. 航时长，单架次作业范围大 3. 燃料易于获得，采用汽油混合物作燃料	1. 环保，无废气，不造成农田污染 2. 易于操作和维护，一般7天就可操作自如 3. 售价低，一般在10万~18万元，普及化程度高 4. 电机寿命可达上万小时
缺点	1. 由于燃料是采用汽油和机油混合，不完全燃烧的废油会喷洒到农作物上，造成农作物污染 2. 售价高，大功率植保无人机售价30万~200万元 3. 整体维护较难，因采用汽油机做动力，其故障率高于电机 4. 发动机磨损大，寿命300 ~ 500 h	1. 载荷小，载荷范围5 ~ 15 L 2. 航时短、单架次作业时间一般4 ~ 10min，作业面积10 ~ 20亩/架次 3. 采用锂电作为动力电源，外场作业需要配置发电机，及时为电池充电

在机型结构上，无人机又分为无人直升机和多轴飞行器（图4-33、图4-34）。下面是直升机和多轴飞行器的对比（表4-6）：

表4-6 直升机和多轴飞行器的对比

	无人直升机	多轴飞行器
优点	1. 风场稳定，雾化效果好，向下风场大，穿透力强，农药可以打到农作物的根茎部位 2. 抗风性更强	1. 入门门槛低，更容易操作 2. 造价相对便宜

续表 4-6

	无人直升机	多轴飞行器
缺点	1. 一旦发生炸机事故，无人直升机造成的损失可能更大 2. 价格更高	1. 抗风性更弱 2. 下旋风场更弱 3. 造成风场散乱，风场覆盖范围小，若加大喷洒面积，把喷杆加长，会导致飞行不稳定，作业难度加大，增加摔机风险

图 4-33　无人直升机施药作业

图 4-34　多轴飞行器施药作业

（三）植保无人机机体特点

（1）采用高效无刷电机作为动力，机身振动小，可以搭载精密仪器，喷洒农药等更加精准。

（2）地形要求低，作业不受海拔限制。

（3）起飞调校短、效率高、出勤率高。

（4）环保，无废气，符合国家节能环保和绿色有机农业发展要求。

（5）易保养，使用、维护成本低。

（6）整体尺寸小、重量轻、携带方便。

（7）提供农业无人机电源保障。

（8）喷洒装置有自稳定功能，确保喷洒始终垂直地面。

（9）半自主起降，切换到姿态模式或 GPS 姿态模式下，只需简单得操纵油门杆量即可轻松操作直升机平稳起降。

（10）失控保护，直升机在失去遥控信号的时候能够在原地自动悬停，等待信号的恢复。

（11）机身姿态自动平衡，摇杆对应机身姿态，最大姿态倾斜 45°，适合于灵巧的大机动飞行动作。

（12）GPS 姿态模式（标配版无此功能，可通过升级获得）精确定位和高度锁定，即使在大风天气，悬停的精度也不会受到影响。

（13）新型植保无人机的尾旋翼和主旋翼动力分置，使得主旋翼电机功率不受尾旋翼耗损，进一步提高载荷能力，同时加强了飞机的安全性和操控性。这也是无人直升机发展的一个方向。

（14）高速离心喷头设计，不仅可以控制药液喷洒速度，也可以控制药滴大小，控制范围在 10～150 μm。

（15）具有图像实时传输、姿态实时监控功能。

三、多旋翼植保无人机系统构成

（一）无人机类型

按发动机类型分类

可分为油动发动机与电动机，直升机农业植保机目前在市场上电动产品以及油动产品都有分布，在中国主要是电动为主；多旋翼农业植保机目前市场以电动为主，但是也出现了一 些油动多旋翼无人机产品。下面，我们就植保无人机中的油动直升机植保机、电动直升机植保机、电动多旋翼植保机、油动多旋翼植保机分别进行论述。

（1）油动直升机植保机。直升机植保机产品在初级阶段一直是以油动发动机为动力，使其具备续航时间长、载重较大的优点（相对电动多旋翼）。但是,其使用发动机多为航模领域发动机，存在着调试困难、寿命较短的特点，其发动机寿命往往只有 300 h 左右，大大提高了产品维护以及植保机作业的成本。日本是油动直升机运用十分成熟的市场，其主要厂家为雅马哈。日本国内人力成本以及飞机打药成本十分高昂，以雅马哈直升机进行打药的收费价格接近 100 元 / 亩，这也部分导致了日本的水稻价格远高于国际水稻价格。油动直升机操作复杂、培训成本高、维护成本高、作业成本高、机器成本高，这是油动直升机植保机发展十余年始终无法在我国大规模推广的原因。见图 4-35。

图 4-35　日本雅马哈油动直升机植保机 RMAX

（2）电动直升机植保机。电动直升机植保机是在油动直升机基础上解决其发动机寿命过短、调试困难等因素而产生的新型直升机，其采用无刷电机与锂电池作为动力，使电机使用寿命以及效率大大提高，但是其续航以及载重性能也都稍有下降。但是其依然存在培训周期较长、摔机成本较大、维修周期较长等问题。在我国目前市场当中，直升机植保机市场保有数量远低于多旋翼植保机市场保有数量。见图 4-36。

图 4-36　高科新农电动直升机 HY-B-15L

（3）电动多旋翼植保机。主要优点在于操作简单、性能可靠，以市场主流产品为例，处于工作年龄范围以内（18 ~ 45 岁）且身体健康的零基础学员，可以在 10 d 左右基本掌握该产品的使用，并能够进行作业。多旋翼植保机购机成本、摔机成本、维护成本都低于直升机植保机，这是近几年多旋翼植保机迅速发展起来的重要原因。当然，其载重量与续航时间是多旋翼植保机不足的方面，在锂电池性能没有突破的情况下，多旋翼植保机需要准备多块锂电池以进行循环使用，电池更换较频繁。

（二）多旋翼植保机分类

多旋翼植保机可以按照旋翼数量、气动布局进行分类。

1. 按照旋翼数量进行分类

从旋翼数量可分为四旋翼植保机、六旋翼植保机、八旋翼植保机。

（1）四旋翼植保机。四旋翼植保机结构简单、飞行效率高，在目前市场上的多旋翼植保机很多产品都选择四旋翼结构，如极飞科技的 P-20 系列、零度智控的守护者系列等。但是，四旋翼结构植保机其任何其中一个电机发生停转或螺旋桨断裂都将导致植保机坠毁，所以其安全性较低。见图 4-37。

图 4-37　四旋翼植保机 P-20

（2）六旋翼植保机。六旋翼植保机是在四旋翼植保机基础之上增加旋翼数量而形成的设计，其可在其中一臂失去动力依然保持机身平衡与稳定，所以其稳定性高于四旋翼植保机。随着旋翼数量的增加，在同样的机身重量下，单个旋翼所形成的风场面积减小，这将提高多旋翼植保机风场的复杂程度。见图 4-38。

图 4-38　天翔六旋翼植保机

（3）八旋翼植保机。八旋翼植保机根据设备性能不同，最多可实现同时两臂动力缺失而依然能够稳定悬停（两臂不相邻的前提下），更加提升了多旋翼植保机的稳定性。动力冗余性的设计是在强调设备稳定性的前提下而产生，将多旋翼植保机安全性又提升到一个新的台阶。当然，其单个旋翼风场面积进一步下降，这也是安全性设计所带来的负面效果。当然，市场上还存在更多乃至 16 旋翼数量的植保机类型。见图 4-39。

图 4-39　八旋翼植保机 MG-1S

2. 按照气动布局进行分类

多旋翼植保机按照气动布局分类，可分为 X 形、十字形。

（1）X 形气动布局多旋翼植保机。X 形气动布局是在无人机前进方向的等分角度（左前 - 右前距机头方向均 45°，机尾相同）放置相反方向电机以抵消电机转动时产生的反扭力。见图 4-40、图 4-41。

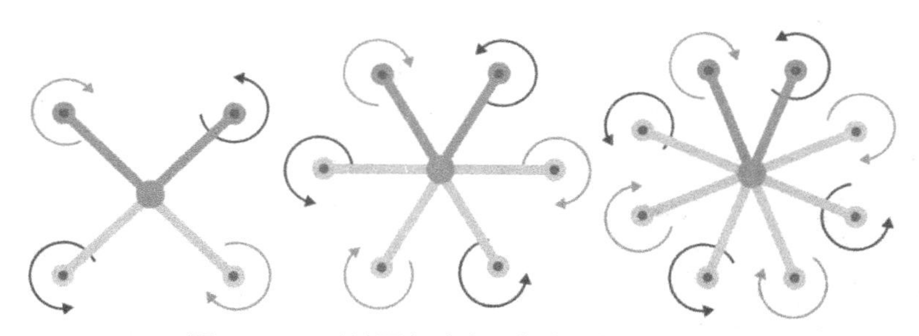

图 4-40　X 形旋翼气动布局与电机转向示意图

（2）十字形气动布局多旋翼植保机。

十字形多旋翼气动结构是最早出现的一种多旋翼无人机气动布局之一。因其气动布局简单，只需要改变轴向上电机的转速，即可改变无人机姿态从而实现基础飞行。便于简化飞控算法的开发。但由于其构造，导致无人机航拍时前行会导致正前方螺旋桨进入画面造成不便，随着飞控系统的进化，逐渐被 X 形多旋翼布局取代。见图 4-42。

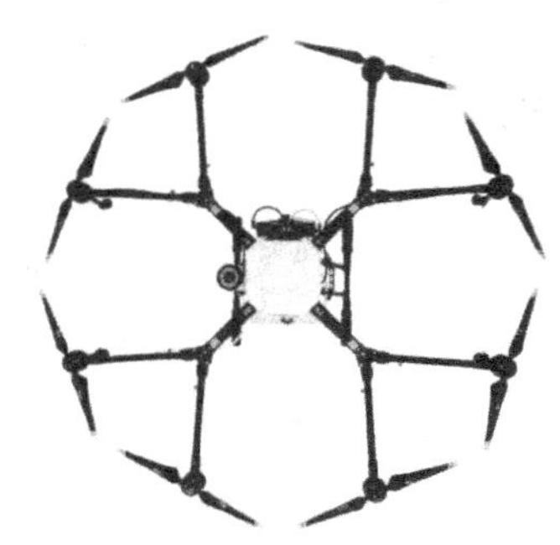

图 4-41　X 形多旋翼植保机

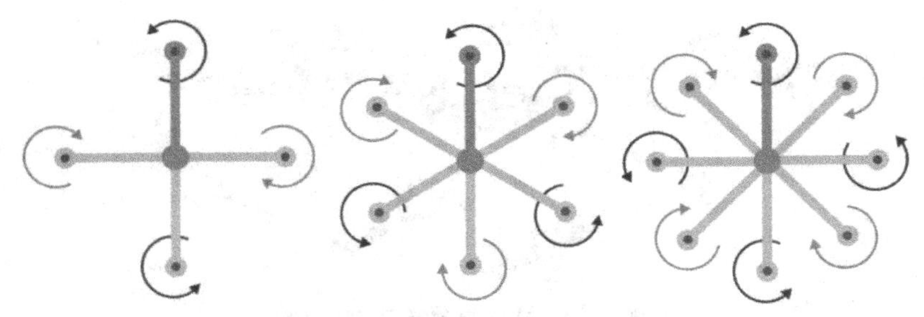

图 4-42　十字形旋翼气动布局与电机转向示意图

（三）多旋翼植保机飞行模式

多旋翼无人机一般提供两种飞行模式，分别是 GPS 模式、姿态模式。

1. GPS 模式

除了能自动保持无人机姿态平稳外，还能具备精准定位的功能，在该种模式下，无人机能实现定位悬停、自动返航降落等功能。GPS 模式也就是 IMU、GPS、磁罗盘、气压计全部正常工作，在没有受到外力的情况下（比如大风）无人机将一直保持当前高度和当前位置。实际上，很多无人机的高级功能都需要 GPS 设备参与才能完成，例如大疆农业植保机 MG-1 的智能作业以及返回断航点功能，只有在 GPS 参与的情况下无人机才知道自己在哪，自己该去哪。GPS 模式也是目前多旋翼无人机用得最多的飞行模式，它在大疆农业植保机 MG-1 遥控器上的代码是 P。下图红点右上方的就是飞行模式三段开关，从下到上分别是 M（手动模式）、A（姿态模式）、P（GPS 模式）。

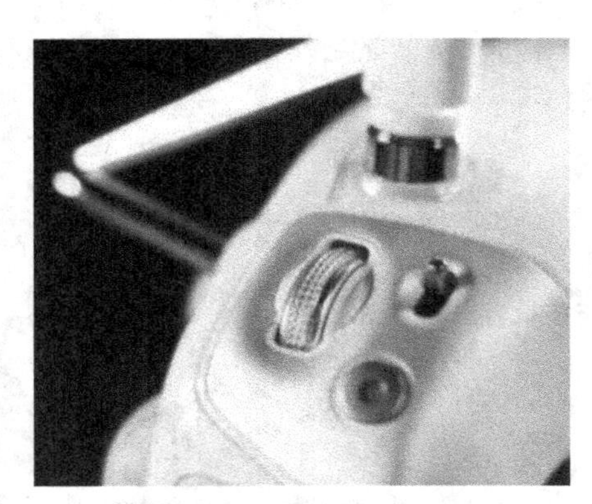

图 4-43　遥控器红点上方的拨钮即为飞行模式切换开关

2. 姿态模式

能实现自动保持无人机姿态和高度，但是，不能实现自主定位悬停。因为没有了 GPS 的地理位置信息，所以无人机在此模式下将持续不稳定地进行漂移，无法稳定悬停在某一点。姿态模式的操作难度大于 GPS 模式，因为会不断地进行漂移，所以需要进行人工调整。姿态模式在大疆农业植保机 MG-1 遥控器上代码是 A。多旋翼植保机普遍工作在 GPS 模式下，姿态模式只是作为应急时需要操作的飞行模式。

3. 多旋翼植保机摇杆模式

在了解多旋翼无人机的操作方式之前，我们先对遥控器进行一下了解，如图 4-44。遥控器的左右两侧各有一个摇杆，摇杆处在整个行程的中立位，可以向前后左右进行拨动，四个方向分别对应油门、偏航、俯仰、横滚。目前主要有两种操作方式比较常用，分别是美国手与日本手。美国手左边的是偏航与油门，右边是横滚与俯仰；日本手左边是偏航与俯仰，右边是横滚与油门。

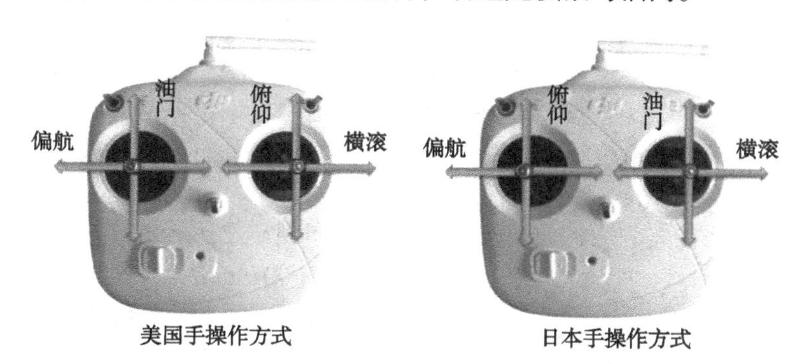

图 4-44　美国手与日本手操作的差异

（四）动力系统

多旋翼无人机的动力系统由电池、充电器（地面设备）、电子调速器、电机、螺旋桨等共同构成。螺旋桨是最终产生升力的部分，由无刷电机进行驱动，而整个无人机最终是因为螺旋桨的旋转而获得升力并进行飞行。在多旋翼无人机中，螺旋桨与电机进行直接固定，螺旋桨的转速等同于电机的转速。无刷电机必须在无刷电子调速器（控制器）的控制下进行工作，它是能量转换的设备，将电能转换为机械能并最终获得升力。电子调速器由电池进行供电，将直流电转换为无刷电机需要的三相交流电，并且对电机进行调速控制，调速的信号来源于主控。电池是整个系统的电力储备部分，负责为整个系统进行供电，而充电器则是地面设备，负责为电池进行供电。

（五）多旋翼植保机喷雾系统

常见的多旋翼植保机农药喷洒设备由药箱、水泵、水管、喷头共同构成，药箱是盛装药液的容器设备。水泵是负责将药液由药箱传达至喷头并的装置，而喷头则负责将药液进行雾化。目前的植保机雾滴产生方式主要分为液力雾化以及离心雾化，下面就分别进行论述。

1. 液力雾化系统

液力雾化是目前人工喷雾以及多旋翼植保机喷雾最为常见的方式，其原理是药液在外力的推动下，通过一个小开口或孔口，使其具有足够速度能量而扩散。雾化过程中，雾滴的平均直径随压力的增加而减少，而随喷头喷孔尺寸的增大而增大。从药液的理化特性来说，液体的表面张力减小和黏度增加，也会使雾滴直径加大。在实际使用时，雾滴的大小对农药沉积利用来讲特别重要，它们将由在一定工作条件下使用的喷头和雾化参数所决定。液力雾化方式的喷头也被称之为压力式喷头，植保机使用压力式喷头优势主要在于系统简单、寿命较长、使用成本低、性能稳定。性能缺点主要是液滴大小不均匀，如果药液存在不可溶物可能会堵塞喷头，所以只适合喷洒水基化药剂。

2. 离心雾化系统

离心雾化是在离心力的作用下，将均匀分布到雾化边缘的药液在一定转速下（8 000 ~ 1 0000 r/min）高速进行离心运动并在离心力的作用下飞离雾化装置边缘，然后经空气的摩擦与剪切作用分散成为均匀的细小雾滴的过程。离心雾化产生的雾滴细且均匀，是低容量、超低容量与静电雾化经常采用的雾化方式。离心式雾化在性能上的优点是雾滴直径更为均匀、可以适用的农药剂型更多、不易产生喷头堵塞的问题，但是其结构复杂、寿命较低、使用成本也较高、下压气流效果弱于压力式喷头，见图 4-45。

图 4-45　极飞 P-20 离心式喷头

第七节　其他喷雾机

一、手动喷雾器

（一）液泵式喷雾器

液泵式喷雾器主要由活塞泵、空气室、药液箱、胶管、喷杆、滤网、开关及喷头等组成（图 4-46）。工作时，操作人员将喷雾器背在身后，通后手压杆带动活塞在缸筒内上、下移动，药液即经过进水阀进入空气室，再经出水阀、输液胶管、开关及喷杆由喷头喷出。这种泵的最高工作压力可达 800 kPa（8 kgf/cm^2）。为了稳定药液的工作压力，在泵的出水管道上装有空气室。由于这类喷雾器都由人背负在身后工作，故又称为手动背负式喷雾器。

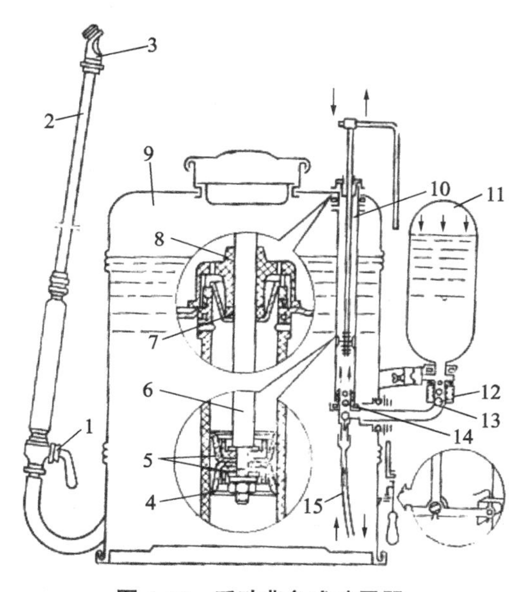

图 4-46　手动背负式喷雾器

1- 开关　2- 喷杆　3- 喷头　4- 固定螺母
5- 皮碗　6- 塞杆　7- 毡垫　8- 泵盖
9- 药液箱　10- 缸筒　11- 空气室
12- 出水球阀　13- 出水阀座
14- 进水球阀　15- 吸水管

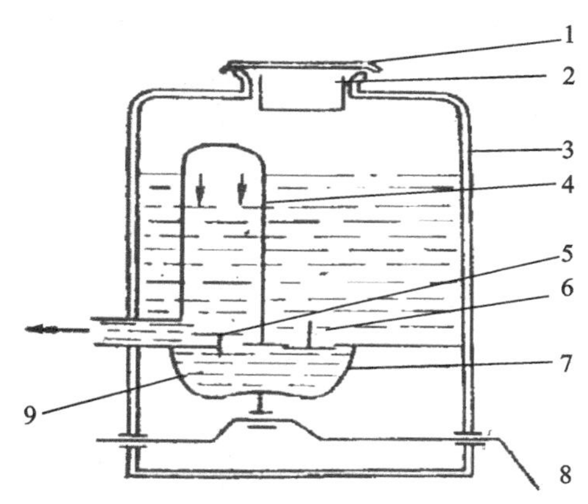

图 4-47　手动隔膜式喷雾器

1- 药箱盖　2- 滤网　3- 药液箱
4- 空气室　5- 排液阀门　6- 进液阀门
7- 隔膜　8- 手柄　9- 药液

另有一种手动喷雾器使用的是隔膜泵（图 4-47），这种泵的工作原理是利用隔膜的往复运动，使泵体内的体积发生变化，在泵体内外压力差的作用下，药液被吸入泵内，再压入空气室，经喷射部件喷出。

（二）气泵式喷雾器

气泵式喷雾器由气泵、药液桶和喷射部件等组成。它与液泵式喷雾器的不同点就是事先用气泵将空气压入气密药桶的上部（药液只加到水位线，留出一部分空间），利用空气对液面加压，再经喷射部件把药液喷出。气泵式喷雾器

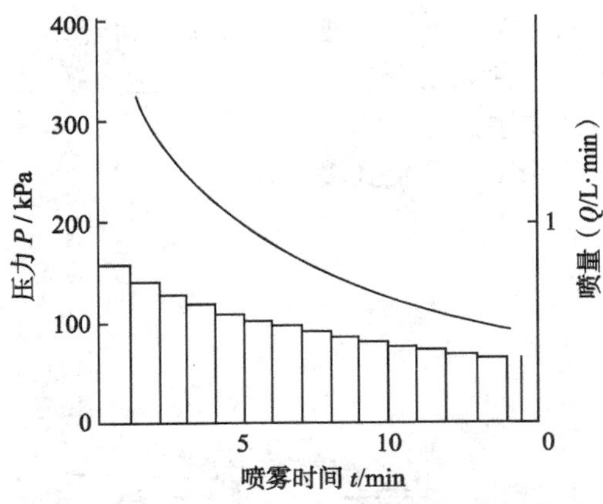

图 4-48　喷雾时间与液箱内压力、喷量的关系

需承受较大的压力（一般为 400 ~ 600 kPa），因此，药桶的制造要求比液泵式喷雾器高。

气泵式喷雾器的特点是喷药后，药箱内的压力会迅速降低，降到一定程度时（图 4-48），操作者停下来再充一次气（每次约打气 30 ~ 40 下），即可喷完一桶（约 5 L）药液，操作者可以专心对准目标喷药。而液泵式喷雾器工作时，操作人员一只手不断地揿动手压杆，另一只手操作喷洒部件喷雾，容易疲劳。

二、机动喷雾机

（一）手持电动离心喷雾机

利用干电机（或蓄电池）驱动 12 V 微型电动机，带动转盘旋转。由手把、药液瓶、流量开关、喷头、微型电机、电源等组成（图 4-49）。

喷头由喷头座、喷嘴及转盘等组成。转盘包括前齿盘、后齿盘及护罩等部分。

工作时，转盘由微型直流电动机带动高速旋转，同时药液在重力作用下，由贮药瓶经过滤网、输液管、流量开关及喷嘴流入转盘的前后齿盘的缝隙里，立即受到齿盘高速回转离心力的作用，形成均匀的细小雾粒，随自然风飘移到植株上。在 2 ~ 3 级风的条件下，喷幅为 3 ~ 5 m。根据需要可改变转盘转速获得不同的雾滴直径。

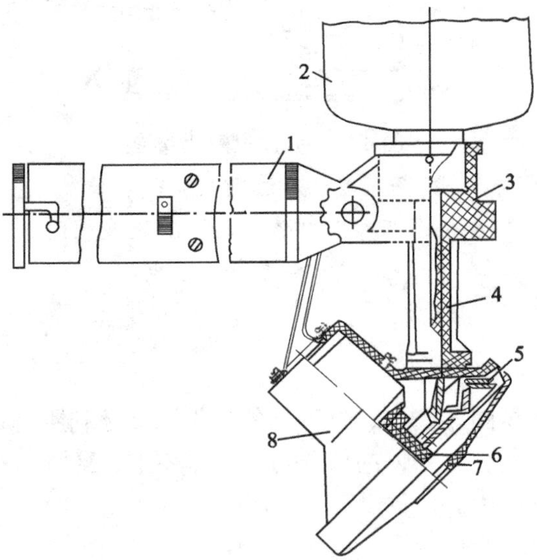

图 4-49　手持电动离心喷雾机

1- 手把　2- 药液瓶　3- 药液瓶座　4- 流量器
5- 转盘 6- 喷头　7- 喷头盖　8- 电动机

（二）三缸活（柱）塞泵喷雾机（或隔膜泵喷雾机）

这是一种由汽油机或柴油机带动工作的喷雾机，把泵和动力放在不同的固定架上，可组成不同的形式，如担架式、畜车式等。

三缸活塞泵由泵体、曲轴、连杆、缸筒、活塞杆、活塞、进水阀组、出水阀及调压阀等组成（图 4-50）。泵的常用压力为 1 500 ~ 2 500 kPa，最高压力可达 3 000 kPa。国产三缸泵的排液量有 30、36、40、60 L/min 等数种规格，其中 30 L/min 和 40 L/min 两种规格为系列产品。由于泵的压力较高。因此射程较远、雾点细、工作效率较高，既可用于农田，又可用于果园等处的病虫害防治。

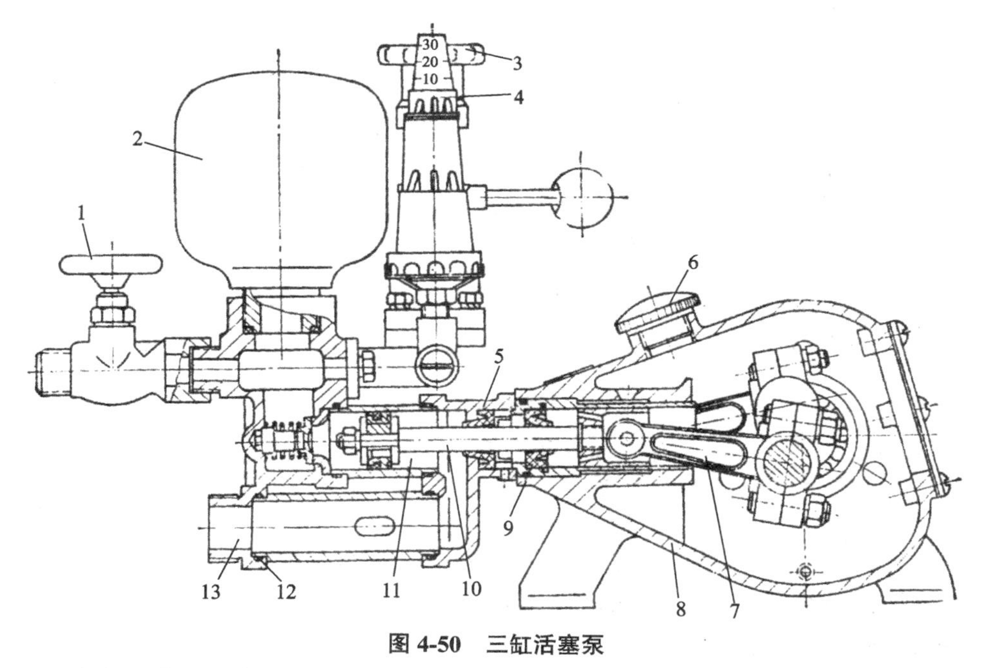

图 4-50　三缸活塞泵

1- 出水开关　2- 空气室　3- 调压阀　4- 压力表　5- 水封　6- 加油盖　7- 连杆
8- 泵体　9- 油封　10- 活塞杆　11- 缸筒　12– 密封圈　13- 进水管接头

喷雾机工作时，发动机的动力通过三角皮带带动泵的曲轴旋转，通过曲柄连杆带动活塞杆和活塞作往复运动。活塞杆向左运动时（图 4-51），进水阀组上的平阀压紧在活塞碗托上，进水阀片的孔道被关闭，使活塞后部形成局部真空，药液便经滤网进入活塞后部的缸筒内；活塞向右运动时，平阀开启，后部缸筒内的药液，经过进水阀片上的孔，流入活塞前的缸筒内。当活塞再次向左运动时，缸筒后部仍进水，而其前部的水则受压顶开出水阀进入空气室。由于活塞不断地往复运动，进入空气室的水使空气压缩产生压力，高压水便经截止阀及软管从喷射部件喷出。

在空气室的旁边装有调节阀和压力表（图 4-51）。调节阀用来调节泵的工作压力，并起到安全阀的作用，压力表用来指示泵的工作压力。

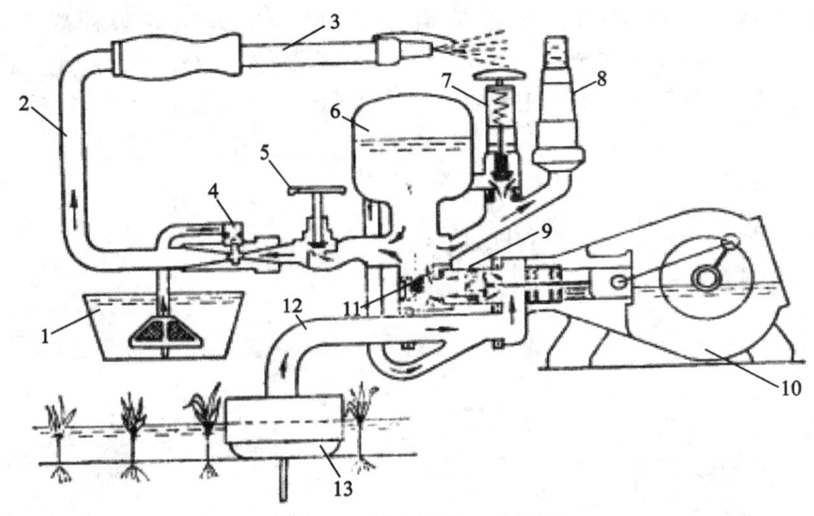

图 4-51　活塞泵的工作过程

1- 药液　2- 出水管　3- 喷枪　4- 混药器　5- 截止阀　6- 空气室　7- 调压阀
8- 压力表　9- 平阀　10- 活塞泵　11- 出水阀　12- 吸水管　13- 吸水滤网

在水源充足的南方水田地区，活塞泵的吸水头可直接放到稻田里吸水，浓度较大的药液由装在截止阀外端的射流式混药器吸入药液，与高压水自动混合后经喷射部件喷出。药液不进入缸筒，可减少泵的腐蚀和磨损，提高其使用寿命。

（三）拖拉机悬挂喷雾机

图 4-52 为一种悬挂在中型拖拉机上的喷杆式喷雾机，主要用于棉花、谷子、大豆以及甘蔗、玉米苗期的大面积的化学除草、治虫、灭病的喷雾作业。该机主要由药液箱、射流式搅拌器、分配阀、过滤器、液泵、变速箱、折叠喷杆桁架和悬挂喷头片等组成。

图 4-52　悬挂式打药机

该机主机组悬挂在拖拉机上，药液箱左右分置在前后轮两侧挡泥板上部。利用拖拉机输出的动力，通过万向节轴传动，经变速箱增速后，直接驱动液泵，由液泵输出的一定压力的液流，一股经过滤器到分配阀，再经喷雾胶管至喷头片进行作业。另两股分别输送到左右药液箱，经射流式搅拌器喷出，以搅拌药液。

液泵为单级自吸离心泵，转速为 5 000 r/min 时流量为 300 L/min，也可以利用该泵向药液箱加水。该机可根据作物不同高度，可进行高度调节 50 ~ 100 cm，喷幅为 12 m。

三、弥雾喷雾机械

东方红 -18 弥雾喷雾机（图 4-53）。其构造和工作过程如图 4-54 所示。除小型汽油发动机（1F40F）外，它由弥雾喷头、喷管、输液管、风机、药箱等组成。工作时，动力机驱动风机叶轮高速旋转，产生高速气流，大量气流由风机出口经喷管到弥雾喷头吹出；少量气流经进风阀到达药箱内药液面上部的空间,对药液面增压。药液在风压的作用下，经输液管到弥雾喷头，从喷头喷嘴周围的小孔喷出。这种输液方式叫气压输液。喷出的粗液滴被强大的气流冲击，弥散成细小雾滴并吹向远方。

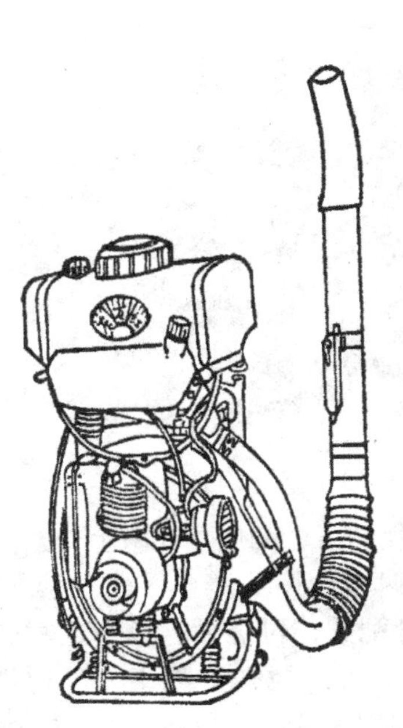

图 4-53　东方红 -18 型弥雾喷粉机

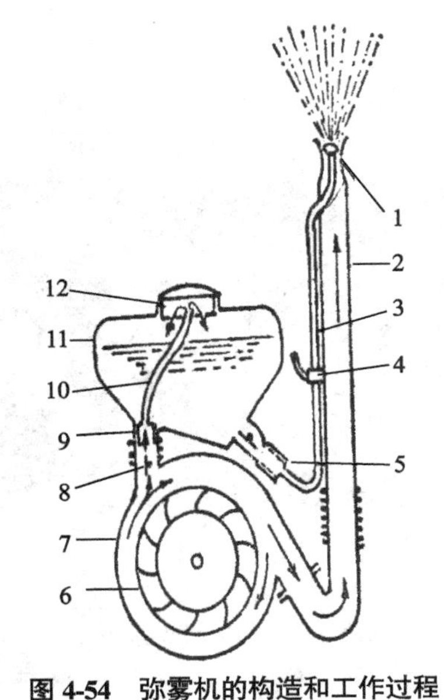

图 4-54　弥雾机的构造和工作过程

1- 喷头　2- 喷管　3- 输液管　4- 开关
5- 出液接头　6- 叶轮　7- 风机　8- 进风阀
9- 进气塞　10- 软管　11- 药箱　12- 滤网

四、细弥雾喷雾机

目前超低量喷雾机产品有手动、电动和风动三种。一般构造和工作过程如图 4-55 所示。除传动部件外，它一般由超低量喷头和药瓶等组成。工作时，动力驱动喷头的齿盘作高速旋转，药液经输液管注入齿盘中心处。药液在齿盘离心力作用下呈薄膜状向齿盘外缘移动，移到齿尖锯裂飞出，喷出细而匀的雾滴。有的还加高速气流输送。图 4-56 为东方红 -18 型超低量喷雾机的喷雾过程。风机吹出来的大量高速气流经喷管流入超低量喷头，分流锥使气流分散，在喷口处呈环状喷出，气流冲击驱动叶轮，带动齿盘组件作高速旋转（10 000 r/min）；同时，由药箱经输液管、调量开关流入空心喷嘴轴的药液，从齿盘轴上的小孔流出，流到前后齿盘之间的缝隙，在齿盘离心力作用下沿齿尖飞出，并被高速气流吹散送到远方。

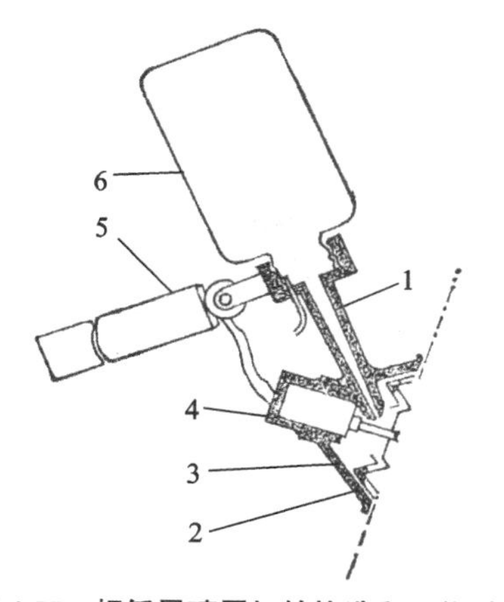

图 4-55　超低量喷雾机的构造和工作过程

1- 输液管　2- 齿盘　3- 喷头
4- 电机　5- 手柄　6- 药瓶

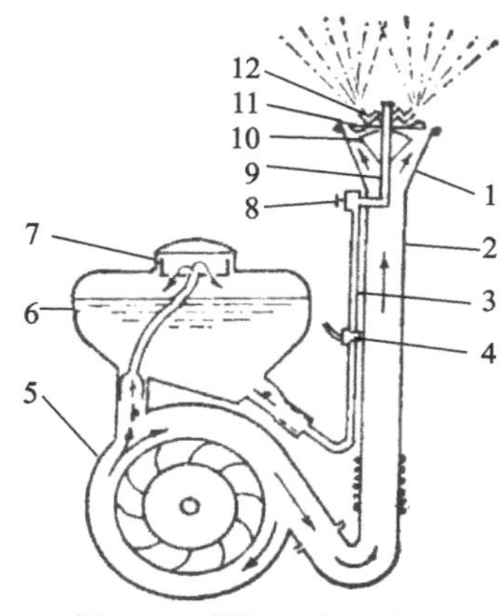

图 4-56　超低量喷雾过程

1- 喷头　2- 喷管　3- 输液管　4- 开关　5- 风机
6- 药箱　7- 滤网　8- 调量开关　9- 喷嘴轴
10- 分流锥　11- 驱动叶轮　12- 齿盘组件

五、喷烟机械

喷烟机也是一种高效的病虫防治机械，有常温烟雾机和热烟雾机两类。热烟雾机通常是将药剂溶解在具有合适闪点的油剂里，配制成烟剂，然后将烟剂喷射到高温气流中，使烟剂蒸发的热裂成极细小的微粒随同燃烧后的气体喷出，比较持久地悬浮在空中，油剂冷凝形成烟雾。由于雾滴小沉降速度慢，能随气流移动较远的距离并能够透入细小的疑隙。烟雾剂大都应用在封闭的场所，如仓库、温室、谷舱、畜棚等地方，也可进行阴沟的消毒。喷烟机由燃烧及冷却系统、燃油系统，启动系统、药剂系统等组成。其工作过程如下（图 4-57）。

在热力过程中，本机动力系脉冲式喷气发动机。启动时，先用打气筒将压缩空气通过唇阀送至分气接头，然后分成两路，一路进入贮气室，在贮气室又分两部分，一部分经下部输气管传递到汽油箱，把汽油压到雾化嘴的存油槽；另一部分通过贮气室端部的管道在喷嘴喉管处因断面突然缩小而产生高速气流，并使该处压力下降形成压差将进入存油槽的汽油吸入，在高速气流冲击下形成细小的汽油雾滴被吸入进气管。第二路压缩空气经输气管直接通进气管，这时进气阀由于压缩空气进入产生压力而关闭，使空气与汽油的雾状气体，只能经过进气管进入燃烧室，并在进气管中喷雾杆作用下，使雾状汽油与空气进一步充分混合，由火花塞点燃后在燃烧室内爆炸燃烧，产生高温高压燃气从尾喷管高速喷出。

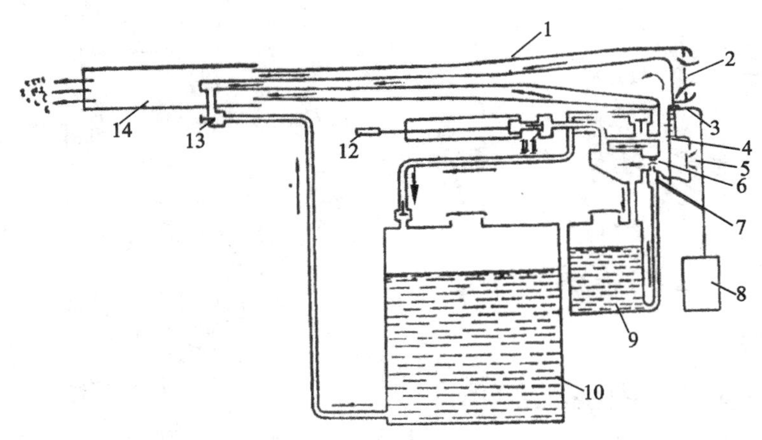

图 4-57　喷烟机工作原理

1- 冷却管　2- 冷却空气入口　3- 火花塞　4- 喷雾杆
5- 进气阀　6- 喷嘴　7- 油嘴　8- 点火系统　9- 汽油
10- 烟剂　11- 唇阀　12- 打气筒手把　13- 开关　14- 烟化管

由于高速燃气的惯性，燃烧室内压力在瞬间低于大气压力，因此进气阀被推开，进入新鲜空气，同时一小部分气体受反冲压作用被压至贮气室，并关闭进气阀，贮气室内的气体又使汽油通过喷嘴再次被粉碎成细小雾滴，又与新鲜空气混合至燃烧室燃烧。第二次燃烧是借残余混合气体未熄的火焰和高温燃烧室内壁接触点燃。这样按一定频率连续爆炸燃烧，尾喷管口就不断产生大量的高温气体。因此，第一次燃烧以后就不要打气和点火了。

药液箱也借助于燃烧室爆炸压力通过唇阀充气增压，使油溶性药剂受压输送至尾喷管处，在烟化管内得到热裂，挥发呈烟雾状喷出。

六、颗粒喷洒机

颗粒农药的施药量是较少的。大多数颗粒农药排料装置是安置在可调节的排料口的上方，用地轮驱动叶轮或槽轮构成的（图 4-58）。转轮和箱底紧密配合，当转轮停转时，能可靠地关死。排药量最理想的是和转轮转速成正比，施药量不受前进速度的影响。排量装置的设计和结构要尽量避免对颗粒的磨碎的挤压并尽可能提供均匀颗粒流量。

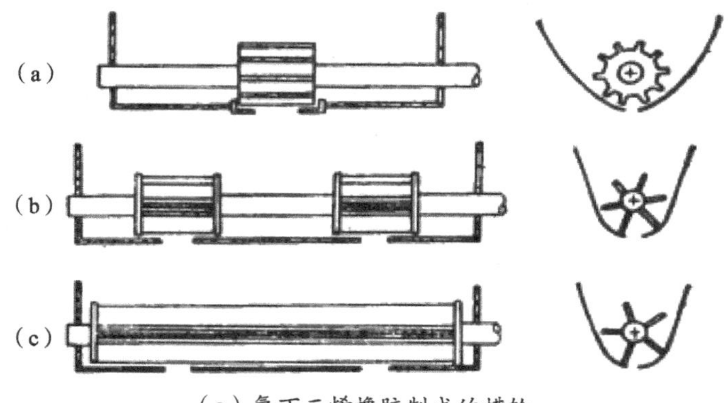

（a）氯丁二烯橡胶制成的槽轮
（b）安装在每一个排药口上的短叶轮　（c）全长式叶轮

图 4-58　三种形式的颗粒农药排料装置

第八节　喷雾机的喷射部件

植保机械最终通过雾化装置（即喷射部件）将药液分布在农作物上，喷射部件的性能优劣直接影响对作物病虫害的防治效果。在喷药量相同的情况下，雾滴直径越小，雾滴数目也就越多，覆盖面积大且比较均匀，并能渗入微细空隙黏附在植株上，流失少，防治效果好。因此，喷射部件是植保机械的重要工作部件，同时也是国内外专家目前主要研究的对象。按照工作原理，喷雾机的喷射部件——喷头可分为液力式、气力式、离心式等型式。

一、液力式喷头

液力式喷头是目前植保机械中应用最广的一种雾化装置。主要有涡流式喷头、扇形喷头、撞击式喷头三种型式。

（一）涡流式喷头

其特点是喷头内制有导向部分，高压药液通过导向部分产生螺旋运动。涡流式喷头根据结构不同分为切向离心式喷头、涡流片式喷头和涡流芯式喷头三种型式。

1. 切向离心式喷头

它由喷头帽、喷孔片、垫圈和喷头体组成（图 4-59）。喷头体加工成带锥体芯的内腔和与内腔相切的输液斜道。喷孔片的中央有一喷孔，孔径有 0.7mm、

1.0mm、1.3mm、1.6 mm 四种规格(NJl30-75)。内腔与喷孔片之间构成锥体芯涡流室，为了防止腐蚀，喷头中与药液接触的零件多用铜材或塑料制成。

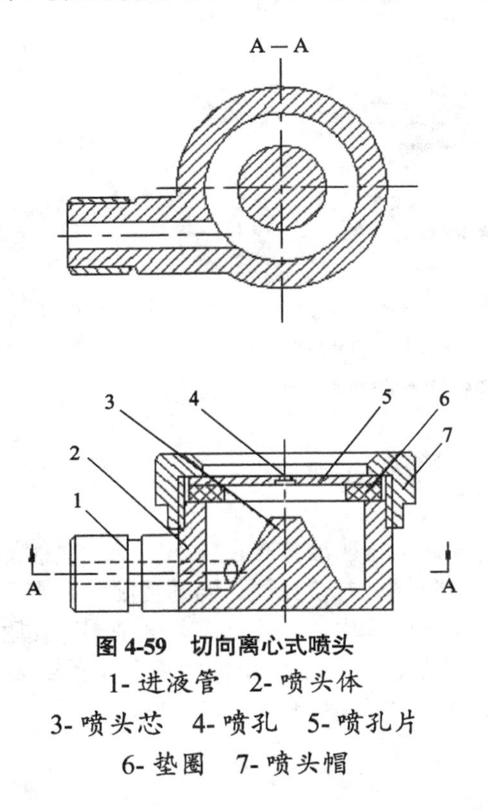

图 4-59　切向离心式喷头

1- 进液管　2- 喷头体

3- 喷头芯　4- 喷孔　5- 喷孔片

6- 垫圈　7- 喷头帽

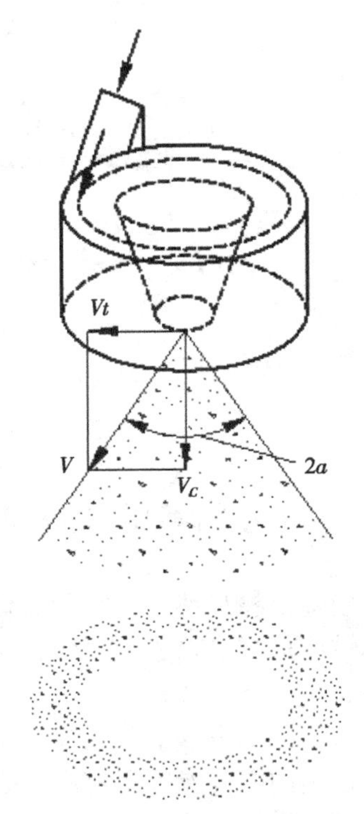

图 4-60　切向离心式喷头雾化原理

切向离心式喷头的工作原理如图 4-60 所示。高压液流从喷杆进入输液斜道，由于斜道的截面积变小，流速迅速增大，高速液流沿斜道按切线方向进入涡流室，绕着锥体作高速螺旋运动，在接近喷孔时，由于回转半径减小，则药液质点的圆周速度更大。由喷孔喷出的药液质点具有两种速度：一是平行于喷孔中心线的前进速度 V_C，一是高速回转的切线速度 V_t，两者的合成速度 V 即为药液质点实际的运动方向，它与中心线间有一夹角为 a，$2a$ 即为雾锥角。由于药液的喷射过程是连续的，因此，药液自喷孔喷出后，成为锥形的散射状薄膜，距孔愈远，液膜愈薄，以致断裂成碎片，凝聚成雾滴。由于受到空气阻力的作用，大雾滴继续破碎为更细小的雾滴。

切向离心式喷头结构简单，不易堵塞，但雾化程度较差，雾滴直径一般大于 250 μm，多用于手动喷雾机。为了提高工作效率和与较大的机动喷雾机配套使用，除了制造成单个喷头外，还制有两喷头和四喷头。例如与工农 -36 机动式喷雾机配套使用的切向离心式喷头就是双喷头或四喷头式的组合喷头。

2. 涡流片式喷头

它由喷头帽、喷头片、垫片、涡流片和喷头体组成（图 4-61）。在涡流片上沿圆周方向对称地冲有两个贝壳形斜孔。在喷孔片与涡流片之间夹有一垫圈，由此构成一个涡流室。涡流片式喷头的雾化原理与切向离心式喷头的雾化原理相似，其特点是压力药液通过涡流片的斜孔进入涡流室，产生高速螺旋运动。这种喷头工作压力为 300 ~ 400 kPa，雾化性能好，雾化药液直径大小为 150 ~ 300 kPa，结构简单，多用于手动喷雾机。

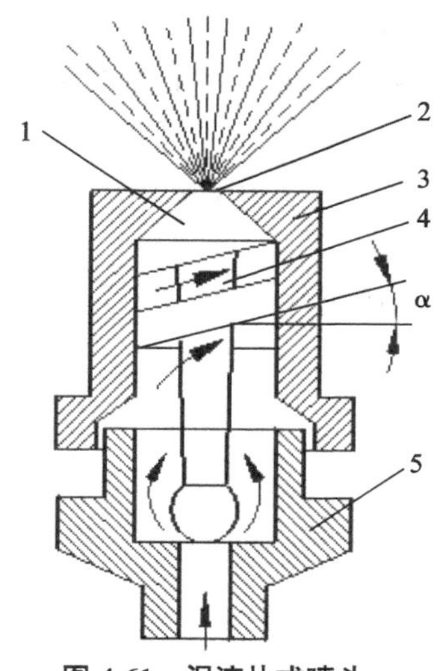

图 4-61　涡流片式喷头

1- 垫圈　2- 喷头片　3- 喷头帽
4- 喷头体　5- 涡流片

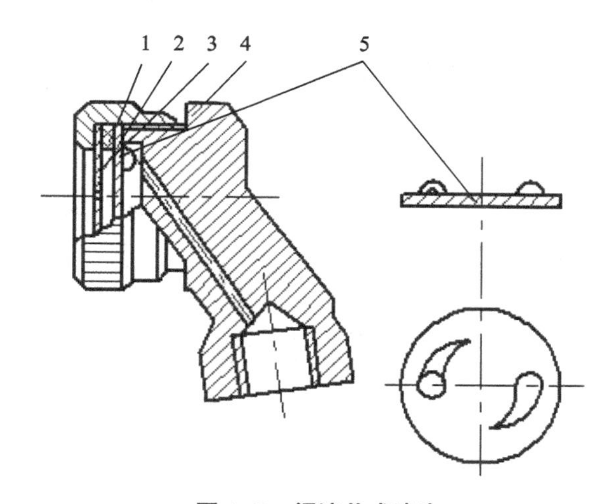

图 4-62　涡流芯式喷头

1- 涡流室　2- 喷孔　3- 喷头帽
4- 涡流芯　5- 喷头体

3. 涡流芯式喷头

它由喷头帽、涡流芯、喷头体等组成（图 4-62）。其工作原理与切向离心式喷头基本相同，工作时药液从液管或喷管中输进，沿着具有螺旋角的斜槽流动，产生离心力，使药液从喷孔以雾锥状喷出，在离心旋转中与周围空气撞击成雾滴直径为 150 ~ 300 kPa 的细小雾滴，工作压力一般为 150 ~ 300 kPa，结构比较复杂，可用于大田喷雾和果园喷雾。

（二）扇形喷头

扇形喷头有狭缝式喷头和冲击式（反射式）喷头，药液经喷孔喷出后均形成扁平扇形雾，其喷射分布面积为一矩形。

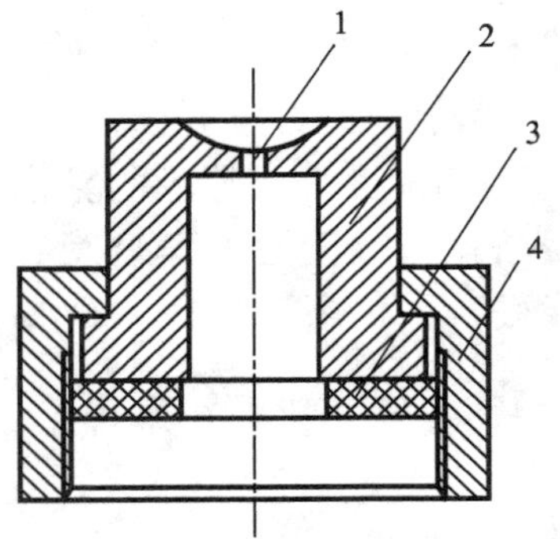

图 4-63 狭缝式扇形喷头

1- 喷孔 2- 垫圈
3- 喷嘴 4- 压紧螺母

（1）狭缝式（又称缝隙式）扇形喷头。它由垫圈、喷嘴和压紧螺母组成（图 4-63）。这种喷头在喷嘴上开有内外两条互相垂直的半月形槽，两槽相切处形成一正方形的喷孔。其雾化原理（图 4-64）：当压力药液进入喷嘴后，受内半月形槽底部的导向作用，药液分为两股相对称的液流 A 和 B。两者流至喷孔处汇合，经相互撞击细碎成雾滴喷出。喷出后又与外半月形槽两侧壁撞击、细碎和受其约束，以及外半月形槽底部的导向作用，便形成一扇形雾状喷出，而后又与相对静止的空气撞击进一步细碎成细小雾滴，喷洒到农作物上。

狭缝式扇形喷头，工作压力为 150 ~ 300 kPa，雾滴直径比较粗。常用于喷施除草剂和杀虫剂。

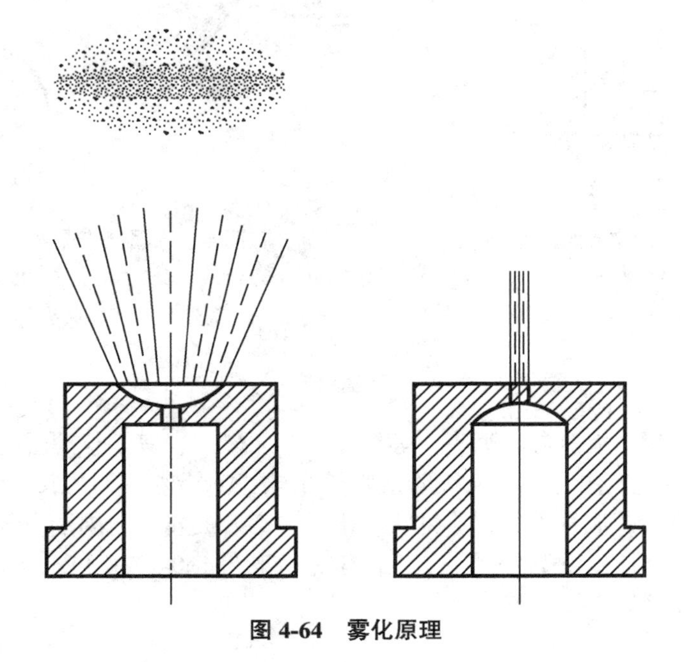

图 4-64 雾化原理

（2）冲击式扇形喷头。它由喷头帽、垫圈、喷嘴和喷头体组成（图4-65）。其雾化原理：压力药液经喷头体内腔进入喷嘴，从喷嘴流出的药液冲击在导流器（又称反射器）后而形成扇形雾状。该种喷头工作压力较低，一般在40～100kPa，雾滴较粗，可避免飘移，优点是喷雾角大（约130°），而一般液力喷头只有60°～90°。喷雾量大，多用于喷施除草剂。

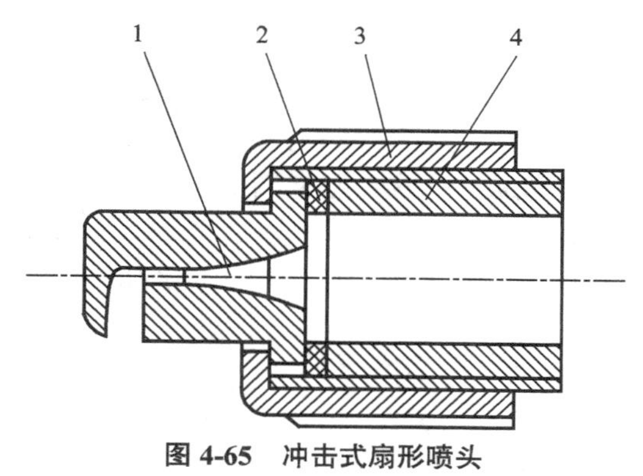

图4-65　冲击式扇形喷头

1-喷嘴　2-垫圈　3-喷头帽　4-喷头体

（三）撞击式喷头

它由扩散片、喷嘴、喷嘴帽和枪管等组成（图4-66）。喷嘴制成锥形腔孔，出口孔径一般为3～5 mm。其雾化原理：由喷雾胶管流来的高压药液，通过喷嘴到达出口处，由于过水断面逐渐减小，其压力逐渐下降，流速逐渐增高，形成高速射流液柱，射向远方。喷出的液流与相对静止的空气撞击和摩擦以致克服其本身的表面张力和黏滞力，被细碎为雾滴而喷洒。如果装上扩散片，阻击液流，可使近处农作物得到均匀雾滴散落，增大喷散面积。

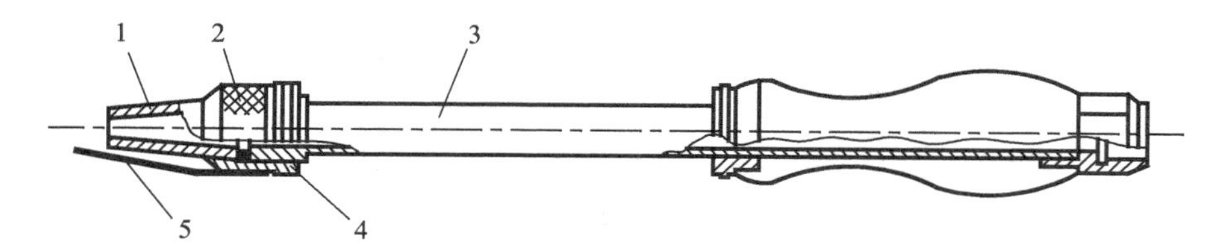

图4-66　撞击式喷头

1-喷嘴　2-喷头帽　3-喷杆　4-锁紧帽　5-扩散片

撞击式喷头的特点是药液压力高，喷液量大。药液压力为1 500～2 500 kPa，喷雾量约30 L/min，最大射程为15 m左右。

二、气力式喷头

气力式喷头是利用较小的压力将药液流导入高速气流场，在高速气流（有时在气流通道内装有板、轮、扭转叶片等）的冲击下，药液流束被雾化成为直径75 ~ 100 μm 的细小雾滴。高速气流一般由风机产生。

气力式喷头又称弥雾式喷头，可以获得比液力式喷头雾化更为细小的雾滴，以便借助风力把这些雾滴吹送到较远的目标，国内外生产的弥雾机多是利用这种喷头工作的。气力式喷头种类较多，如扭转叶片式、网栅式、远喷射式、转轮式等，但其工作原理及其效果基本相同。

（一）扭转叶片式喷头

它由输液管、喷管、扭转叶片等组成（图 4-67）。叶片扭转一定角度，每一扭转叶片的背面有一小孔，其孔径为 2 mm，一般有 7 个叶片。喷头的喷孔一般为圆形，少数呈长方形。

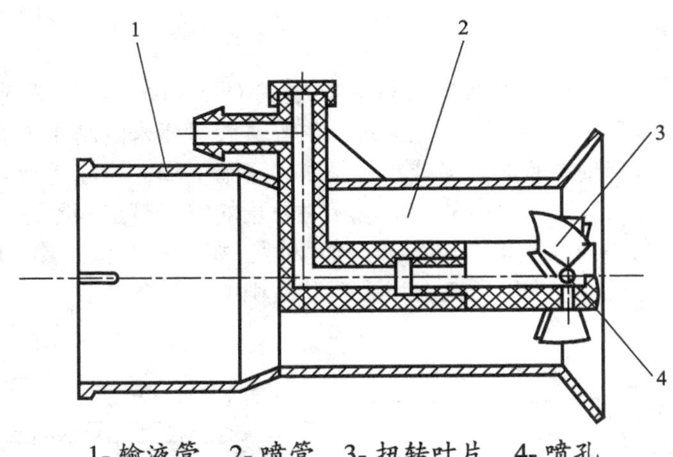

1- 输液管　2- 喷管　3- 扭转叶片　4- 喷孔

图 4-67　扭转叶片式喷头

（二）远喷射式喷头

它由输液管、喷管及远射喷嘴等组成（图 4-68）。喷嘴上小孔在喷嘴上径向均布，一般 7 个，孔径为 2 mm。液流呈 90° 导入气流场，其射程相对较远。

（三）气力式喷头雾化原理

从风机鼓来的高速气流，在喷管的喉管处速度增高（图 4-69）。由于高速气流带走喷孔附近的空气，产生负压。药箱内增压的药液在此负压的作用下，从小

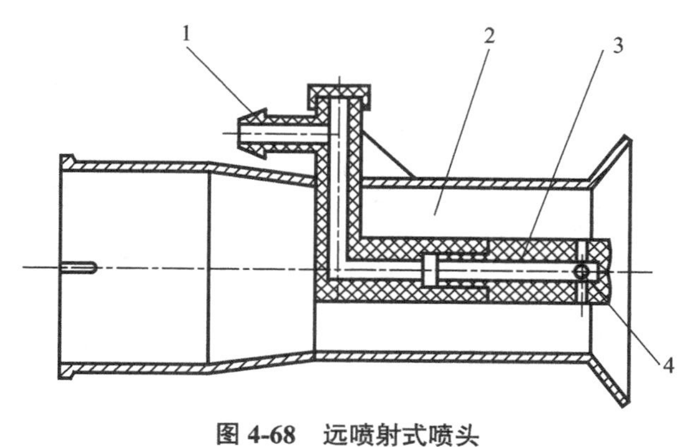

图 4-68　远喷射式喷头

1- 输液管　2- 喷管　3- 远喷射嘴　4- 喷孔

孔内径向喷出呈细线液流或较粗雾滴，此时，又与其垂直方向来的高速气流相遇，液流或粗雾滴被进一步破碎成细小雾滴，并在高速气流的作用下吹送到远方。

气力式喷头结构简单，功率耗用小，雾滴细小，覆盖面积大，药液浪费少。它可采用高浓度、低喷量以节省大量稀释用水，提高工作效率。同时由于高速气流对农作物的挠动作用，增加了雾滴的穿透能力，提高了防治效果。但气力式喷头的雾滴直径不够均匀，近处比远处雾滴直径大且分布较密。这种喷头目前广泛用于背负式机动植保机械上。

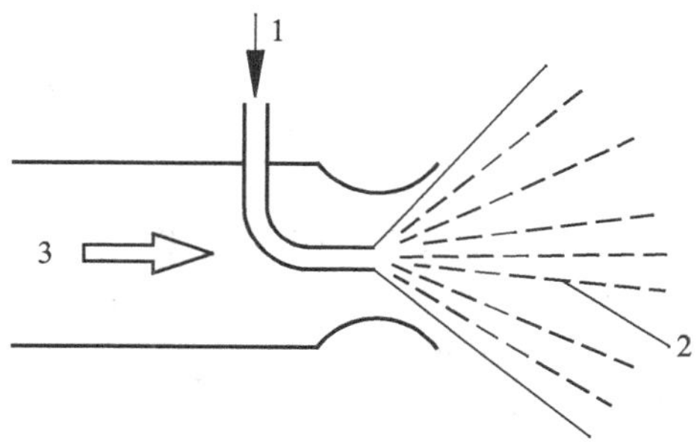

图 4-69　气力式喷头雾化原理

1- 药液　2- 雾滴　3- 高速气流

三、离心式喷头

离心式喷头（或超低量喷头）是将药液输送到高速旋转的雾化元件上（如圆盘等），在离心力的作用下，药液沿着雾化元件外缘抛射出去，雾化成细小雾滴（雾滴直径为 15 ~ 75 μm）。

离心式喷头的雾化元件根据驱动方式不同可分为电机驱动式和风力驱动式两种基本类型。其中电机驱动式多用于手持式超低量喷雾机（又称微量喷雾机）上，

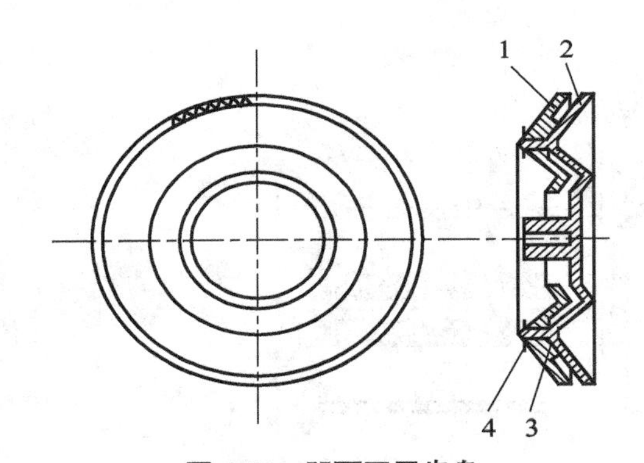

图 4-70　凹面双层齿盘

1- 后齿盘　2- 前齿盘　3- 隔片　4- 铆钉

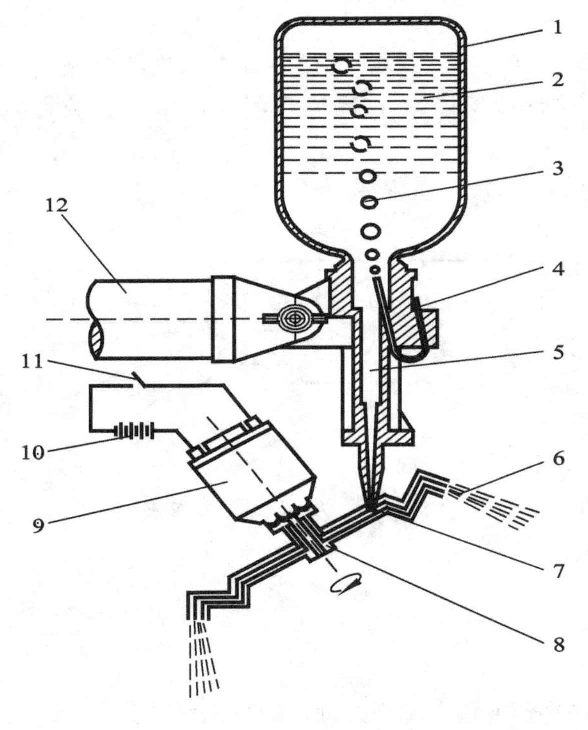

图 4-71　离心式喷头

1- 药液瓶　2- 药液　3- 空气泡　4- 进气管
5- 流量器　6- 雾滴　7- 药液入口　8- 雾化盘
9- 电动机　10- 电池组　11- 开关　12- 把手

也可用于大型机力式喷雾机上。风力式多用于背负式机动超低量喷雾机上。

（一）电机驱动式离心喷头

其主要工作部件是一个旋转的圆盘。旋转圆盘有平面单圆盘、带孔凹面单圆盘和凹面双层齿盘三种类型。其中以凹面双层齿盘（图 4-70）应用最广。它是由两个前、后重叠的凹面齿盘组成。前齿盘直接与动力轴连接。前后齿盘用铆钉连接成整体，其间用隔片隔开为 2 mm 的间距，齿盘外缘设置有 360 个小锯齿。其雾化原理（图 4-71）：当动力机驱动双齿盘作高速旋转时，注入在齿盘中心附近的药液在齿盘离心力作用下，克服了齿盘对药液的摩擦阻力，沿盘表面均匀而连续不断地向外缘扩展，扩展面积越大其药液膜也就越薄。当药液膜扩展至齿盘拐角处时，药液膜部分地甩出和分流到另一齿盘上，经前后两齿盘相互交换地扩展，直到两齿盘边缘的锯齿尖处，在齿尖集中成一雾滴并迅速飞离。由于雾滴直径很小，随风飘移，最后沉降在农作物上。

单齿盘的离心喷头，在无风的情况下，射程很小，仅能达到 300 mm 的范围内，主要是借助自然风吹散，在 2～3 级风的条件下可有 3 ~ 5 m 的喷幅。

（二）风力驱动式离心喷头

为了克服单一喷头的缺点，我国将旋转齿盘与高速气流配合，利用高速风流带动齿盘旋转，成功地研制出了风力式离心喷头，保证在无风的条件下，具有较好的工作性能。它由驱动叶片、分流锥、齿盘、输液管等组成（图 4-72）。齿盘直径为 75 mm，盘外缘有 180 个齿，齿高 1 mm，驱动叶轮有 6 个扭转角 15° 的叶片。其雾化原理与电机驱动式离心喷头相同。

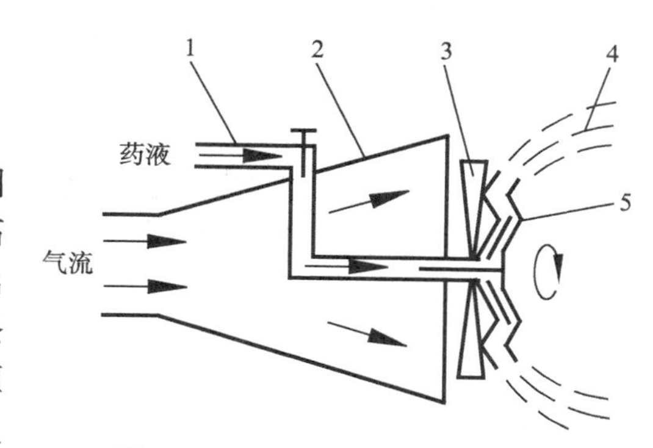

图 4-72　风力式离心喷头工作原理

1- 输液管　2- 喷管　3- 驱动叶轮
4- 雾滴　5- 齿盘

（三）转笼式离心喷头

它由喷管、转笼、输液管和驱动叶轮等组成（图 4-73）。雾化原理：径向均匀分布许多微小喷孔的转笼，被借助高速气流作高速（可达 10 000 r/min）旋转的叶轮带动下，以同样速度转动。药箱内压力药液进入转笼，在离心力作用下经小孔甩出而形成细小的雾滴，然后被流经喷管的高速气流吹送到远方。转笼式离心喷头可用于机动式喷雾机及航空喷雾装置。

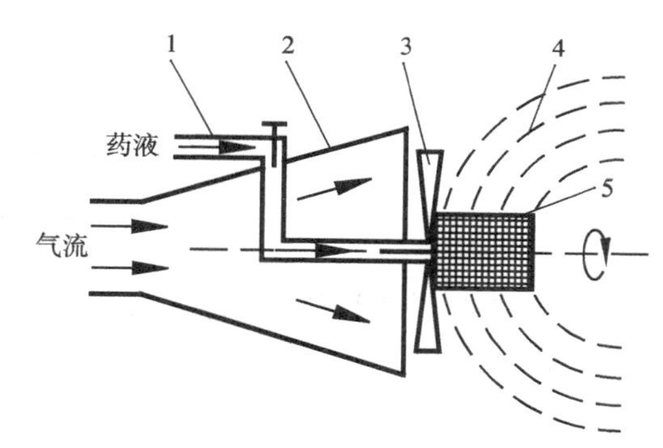

图 4-73　转笼式离心喷头工作原理

1- 输液管　2- 喷管　3- 驱动叶轮
4- 雾滴　5- 转笼

四、影响喷头工作性能的因素

雾化程度取决于雾化装置的特性和工作条件，以及被雾化液体本身的特性。雾化装置的特性一般用其性能指标来表示。喷头性能的主要指标是雾滴尺寸、雾化均匀度、射程、喷幅及喷量。由于喷头的类型不同，雾化原理也不尽相同，因而影响喷雾质量的因素也不一样，这里我们主要分析液力式喷头性能的影响因素，主要可归纳为：喷头几何尺寸（如喷孔直径、涡流芯或涡流片的尺寸、涡流室的深浅等）、药液的工作压力、药液的物理性质（如表面张力及黏度等）。

根据对涡流式喷头及扇形喷头的试验，可得出以下结论：

（1）工作压力过低，药液雾化性能差，射程及喷幅相应减小；提高工作压力，可使雾滴变细，雾化均匀，射程及喷幅增大（图 4-74）。但当压力增至 5 000 kPa 时，由于雾滴过细及空气阻力的影响，射程反而减小。

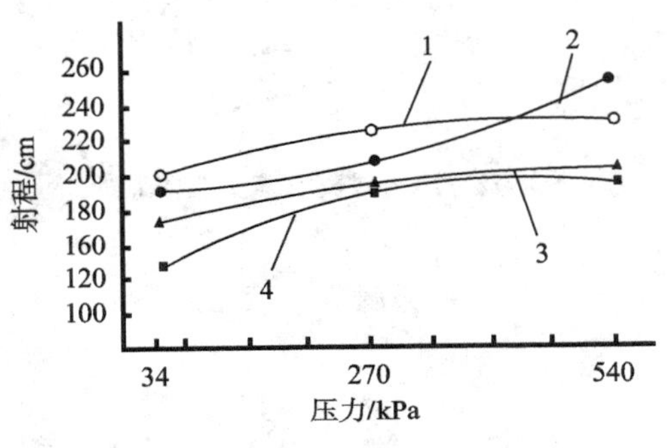

（a）各种喷头压力与射程的关系

（b）各种喷头压力与喷幅的关系

图 4-74　喷头压力与射程、喷幅间的关系

1- 切向离心式喷头　2- 涡流片式喷头　3- 涡流芯式喷头　4- 扇形喷头

（2）在喷孔直径和涡流片或涡流芯尺寸一定的情况下，喷头的流量随压力的增加而增加（图 4-75）。若压力一定时，改变喷孔直径，可以改变喷孔流量（图 4-76），并影响射程和喷幅。因此，可以用改变喷孔直径的办法调节药液的喷量。

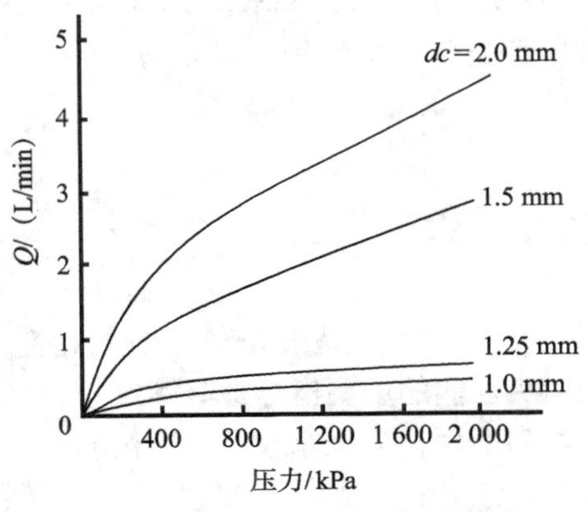

图 4-75　喷头压力变化与流量的关系

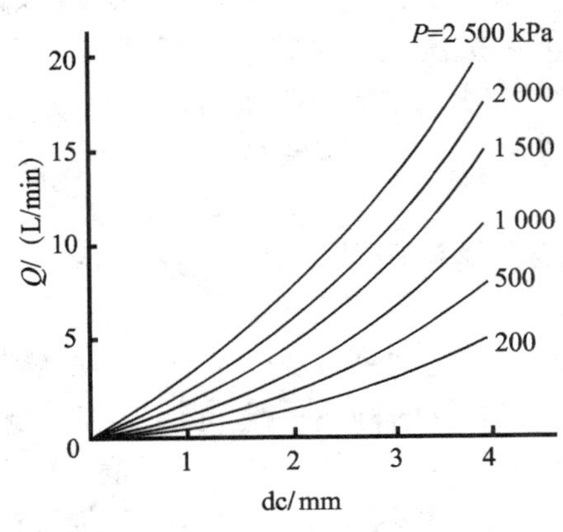

图 4-76　喷孔直径变化与流量的关系

（3）涡流芯或涡流片尺寸的改变对喷量、喷幅及射程都有影响。如增大涡流芯螺旋槽的断面，可增大喷量；螺旋升角增大，可使雾锥角减小（即喷幅降低），而射程将增加。

（4）涡流室深度变浅，可使雾滴变细，射程减小，喷幅增加。

（5）药液的黏度较大时，则雾滴直径较粗；反之，雾滴直径变细。

对于气力式喷头和离心式喷头，影响其工作性能的主要因素除结构参数外，主要是喷头的使用参数，如工作条件等。影响雾滴直径大小的主要因素是气流速度的大小或转盘的旋转速度，当然，药液的物理性质对雾化程度也有一定的影响。另外，对于气力式喷头及风力式离心喷头来说，气流速度的大小对雾流射程影响也较大。

第九节　喷雾机的其他辅助部件

喷雾机的辅助部件还包括液泵、药箱、搅拌装置、空气室、调压阀、射流混药器等。

一、喷雾机的液泵

喷雾机的液泵是喷雾机的重要组成部分，其作用是将药液转换为高压药液，从而克服管道阻力，通过喷头雾化而喷洒到农作物上。喷雾机常用的液泵有往复式和旋转式两大类。前者主要包括活塞泵、柱塞泵和隔膜泵，后者主要包括离心泵、滚子泵和齿轮泵等。其中以往复泵应用最广。

（一）往复泵

往复式活塞泵是喷雾机中使用较多的一种，有单缸、双缸和三缸等形式。单缸活塞泵，如皮碗式活塞泵和皮碗式气泵多用于手动喷雾机上（工农 -16 型人力式喷雾机上就是采用了皮碗式活塞泵）。双缸和三缸泵多用于机动喷雾机。活塞泵具有较高的喷雾压力及良好的工作性能。

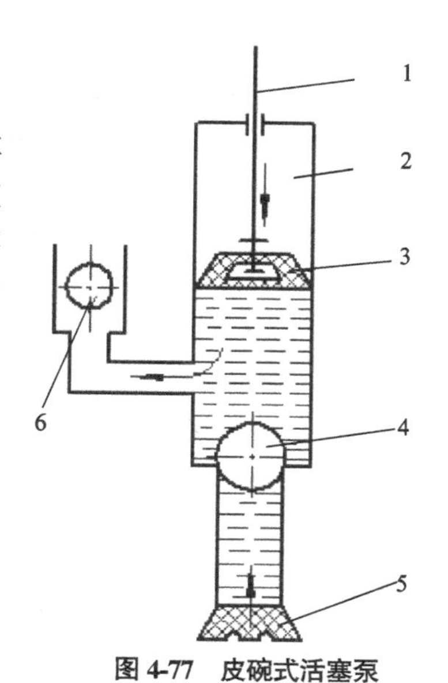

图 4-77　皮碗式活塞泵

1- 活塞杆　2- 泵筒
3- 皮碗活塞　4- 吸液球阀
5- 吸液管和滤网　6- 排液球阀

1. 皮碗式活塞泵

它由活塞杆、泵筒、皮碗活塞、吸液球阀、吸液管和滤网、排液球阀等组成（图 4-77）。工作原理：利用活塞杆带动皮碗活塞在泵筒内作上下运动。活塞上行时，泵筒下部因体积增大而产生局部真空，药液则经滤网和吸液管，顶开吸液球阀而被吸入泵筒；当活塞下行时，泵筒下部因容积减小而压力增大，吸液球阀关闭，药液顶开排液球阀而排出泵外。此泵应用不广，仅用于小型喷雾机上。

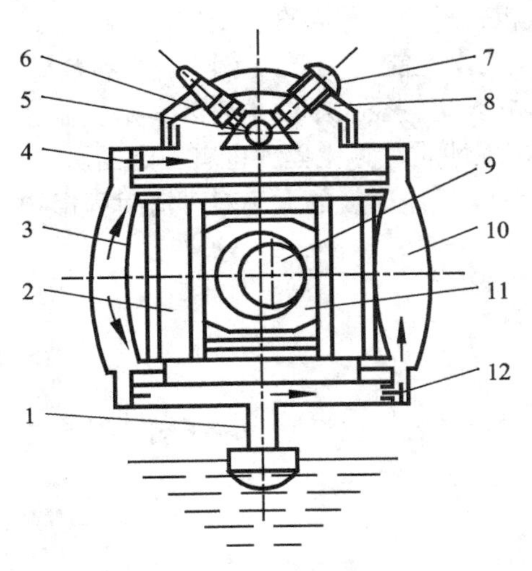

图 4-78　隔膜泵工作原理图

1- 进液口　2- 活塞　3- 活塞隔膜
4- 出液阀　5- 出液口　6- 气室隔膜
7- 打气嘴　8- 空气室　9- 偏心轴
10- 泵盖　11- 连杆（活块）
12- 进液阀

2. 隔膜泵

它由隔膜、出水球阀、空气室、进水阀片等组成（图 4-78）。工作时通过摇杆机构（或曲柄连杆机构），带动隔膜作往复运动。使泵体内的体积发生变化，在泵内外压力差的作用下，不断地将药液通过进水管吸人泵室，并不断地将药液经出水球阀压入空气室，并经出水口接头、喷杆和喷头喷洒到农作物上。

活塞隔膜泵工作压力较高，常用工作压力为 500 ~ 4 000 kPa，结构简单，排液量大，泵体重量轻，但隔膜的使用寿命较短。活塞隔膜泵也有单缸、双缸和多缸之分。单缸多用于人力式喷雾机上，双缸和多缸则在机动喷雾机上广泛采用。

3. 三缸活塞泵

三缸活塞泵具有工作压力高、排液量大等优点。它由泵体、连杆、活塞杆、活塞、平阀、出水阀等组成。该泵由三个泵筒并列成一排，三个连杆同装在一曲轴上，互呈 120°，并有共同的进水管和出水管。

工农 -36 型机动喷雾机所采用的液泵就是往复式三缸活塞泵。泵筒内径和活塞有效行程均为 28 mm，曲轴转速为 700 ~ 800 r/min，排液量 36 ~ 40 L/min，常用工作压力为 1 500 ~ 2 500 kPa，最高可达 3 000 kPa，吸水高度为 5 m，配套动力为 3 kW 左右。

工作原理：吸液过程如图 4-79（a）所示：当活塞右移时，由于胶碗与泵筒内壁摩擦阻力的作用，胶碗托暂时不右移，即胶碗托与平阀片产生相对位移，出现一间隙。三角套筒与孔阀片构成通道，吸液阀被打开。活塞继续右移，孔阀片带动胶碗托一起右移，由于弹簧力的作用，排液阀处于关闭状态。这时泵筒左腔形成真空，因此，右腔内的药液就通过平阀片与胶碗托端面的间隙，三角套筒与胶碗托间的通道和孔阀片的圆孔被吸入泵筒的左腔，完成吸液过程。排液过程如图 4-79（b）所示：当活塞左移时，与上述情况相反。胶碗托暂不左移，待平阀片靠贴在胶碗托端面，消除间隙，即吸液阀关闭后，胶碗托才在平阀片的推动下随着活塞一起左移。此时，泵筒左腔的药液受活塞向左移动的压力。将排液阀顶开，进入空气室和排液管，从而完成排液过程。液泵如此循环往复工作，便将药液脉动排出，并在空气室内建立起压力，便可连续不断地供给稳定的高压药液，经喷头喷出。柱塞泵的工作原理与活塞泵基本相同，这里就不再叙述了。

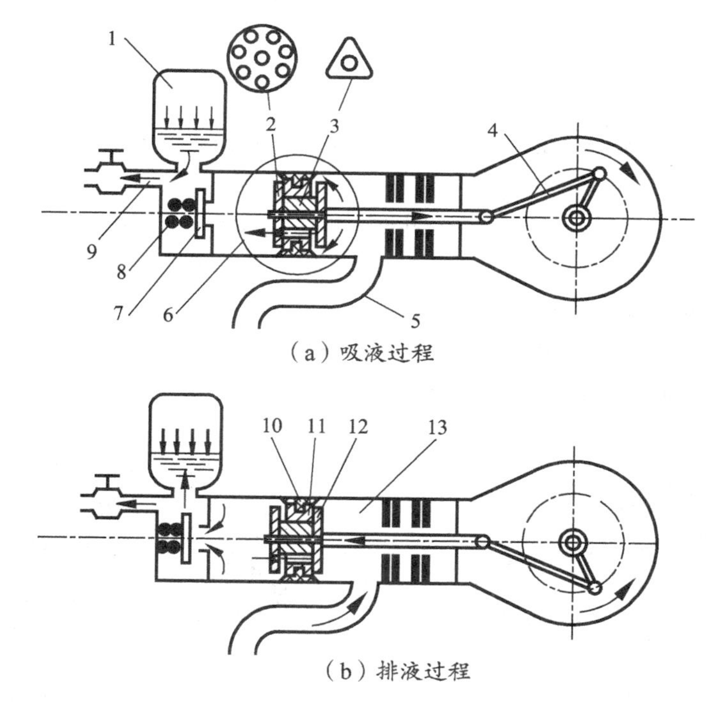

图 4-79　三缸活塞泵工作原理

1- 空气室　2- 孔阀片　3- 三角套筒　4- 连杆　5- 吸液管　6- 活塞　7- 排液阀
8- 弹簧　9- 排液管　10- 胶碗　11- 胶碗托　12- 平阀片　13- 泵筒

（二）旋转泵

1. 离心泵

目前我国植保机械上应用的离心泵，有普通式离心泵和自吸式离心泵两种。普通式离心泵由叶轮、泵轴及泵体等组成（图 4-80）。工作前首先向泵体充满液体，当叶轮作高速旋转时，泵中液体在叶轮离心力的作用下，被甩向四周，再沿泵体内壁从出液口喷出。同时，在叶轮的进液口处，因失水产生局部真空，药箱或液管中的液体，在大气压力的作用下，经进液口流进泵体，而后被叶轮甩出，完成排液过程。

离心泵结构简单，排量范围大，压力稳定。工作可靠，不需专设回水安全装置，但工作压较低（一般为 600 kPa），故仅适用于流量大、压力较低的风送式喷雾机和航空植保上。

2. 滚子泵

滚子泵又称离心转子泵，它由转子、滚柱、泵体等组成（图 4-81）。转子是径向开有槽的圆柱体，每个槽内各装一个直径等于槽宽的尼龙圆柱滚子。转子和泵体内壳有一个偏心距，当转子高速旋转时，滚子在离心力作用下紧贴在泵体内壳的表面，形成密封的工作室，该室容积大小随转子转角的变化而变化。在进液口一侧，由于工作室容积不断扩大，形成局部真空而吸液；在排液口一侧，由于工作室不断缩小，压力增加而排液。

滚子泵体积小，结构简单，流量和压力比较均匀，排量可达 120 L/min，具有一定的自吸能力，但因工作压力较低，应用受限。

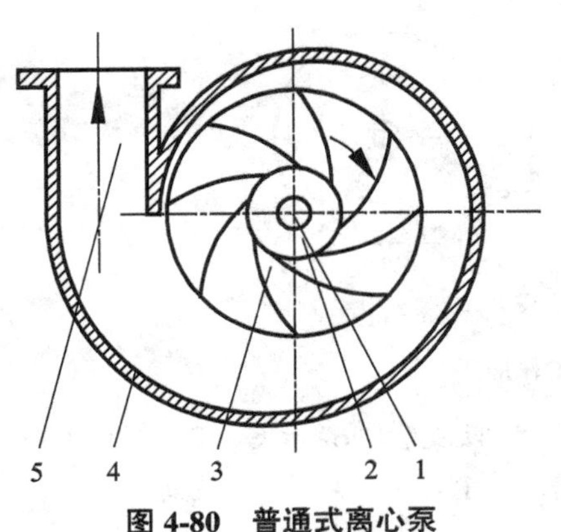

图 4-80　普通式离心泵

1- 泵轴　2- 进液口　3- 叶轮
4- 泵体　5- 出液口

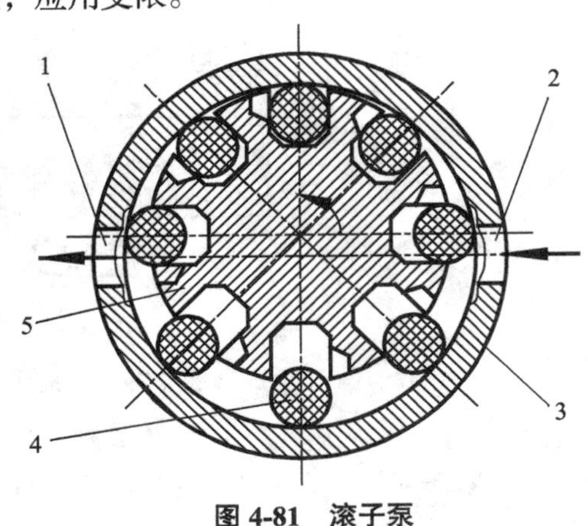

图 4-81　滚子泵

1- 排液口　2- 进液口　3- 泵体
4- 滚柱　5- 转子

二、往复泵的空气室

因为往复泵的工作过程只有吸液和排液过程，吸液时将无液体排出，故其排液量是脉动的。为了获得均匀的排液量，往复泵必须与空气室配合使用。空气室的工作原理如图 4-82（a）所示。

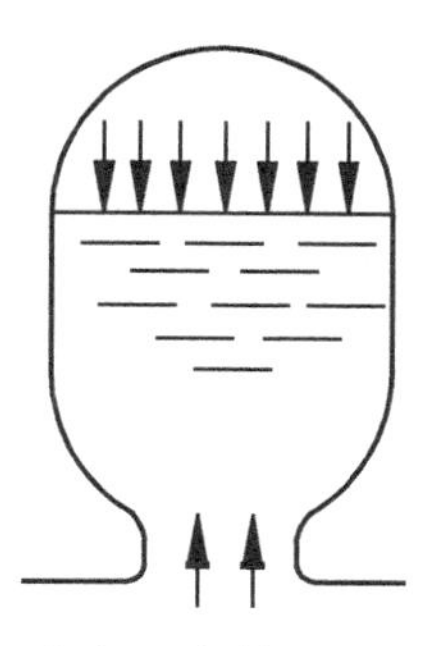

（a）活塞排液行程

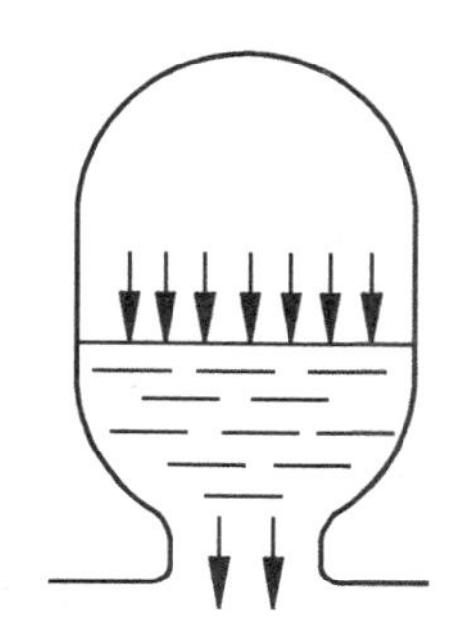

（b）活塞吸液行程

图 4-82　空气室工作原理

活塞在排液过程中，高压药液进入空气室，使空气室顶部的空气受到压缩，药液贮存起来，不至对喷头有过大的冲击压力。当活塞在吸液过程中，高压药液的压力显著下降，此时，空气室内的压缩空气膨胀，使药液从空气室内排出如图 4-82（b）所示，对低压药液增压。因此，空气室具有稳定压力的作用。以保持喷雾机正常工作。

三、药箱与搅拌器

喷雾机的药液箱分为承压和不承压两种，承压药箱的校验压力一般应为机具最大工作压力的 1.5 ~ 2 倍。箱体可用镀锌铁皮或薄钢板焊接而成，但金属药箱易被腐蚀。为此，目前国内外开始采用玻璃纤维、聚乙烯等材料制造，它具有重量轻和耐腐蚀等优点，见图 4-83。

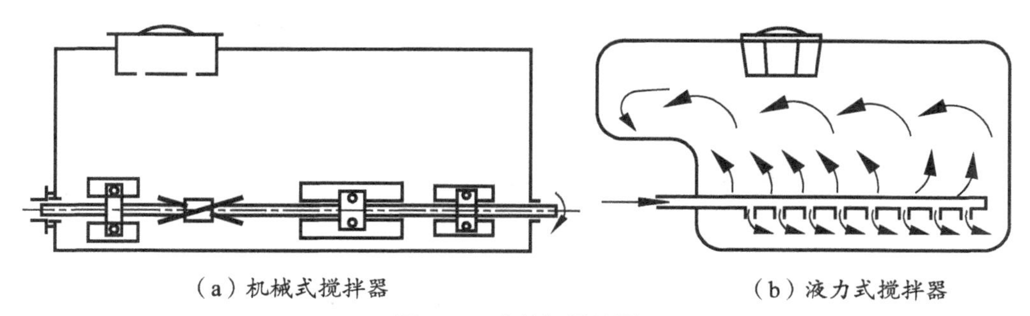

（a）机械式搅拌器　　（b）液力式搅拌器

图 4-83　药箱与搅拌器

搅拌器用来搅拌药箱中的药液，防止溶解性较差和完全不溶解的药液沉到箱底，或不使乳化剂中的油点悬浮到药液表面上来。因此，搅拌器在工作时，应保证送到喷头的药液具有相同的浓度，以获得良好的防治效果。

搅拌器有机械式、液力式和气力式三种形式，其中液力式和气力式工作原理相同。

（一）机械式搅拌器

它是依靠装在轴上的平叶片或螺旋桨叶的旋转进行工作的［图 4-84（a）］。搅拌轴的位置是沿着药箱的长度方向并靠近药箱的底部。搅拌叶片有单叶和双叶两种。

（二）液力式搅拌器

该搅拌器是从液泵引出部分压力药液，通过箱内喷杆上的喷孔喷入高压药液［图 4-84（b）］，对药液起搅动作用。液力搅拌与机械搅拌相比主要优点是省去了搅拌叶片和传动机构，因此，结构简单，使用方便。

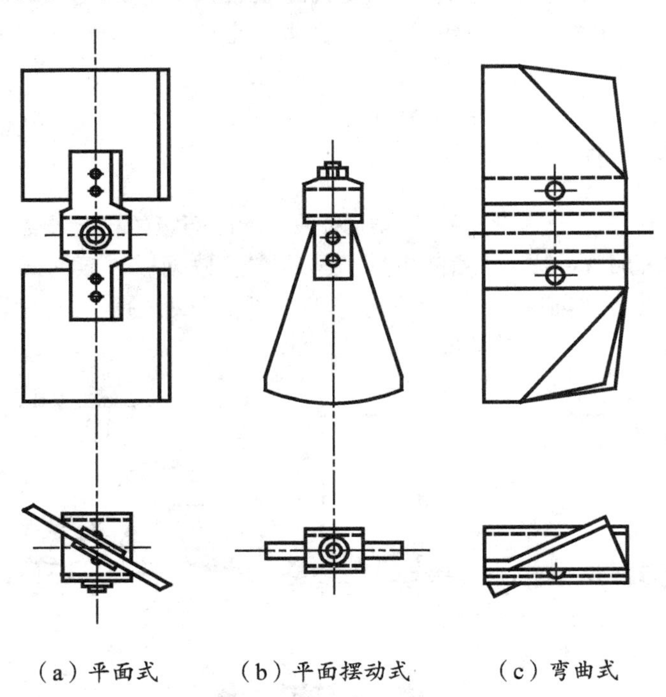

图 4-84　机械搅拌器叶片形式

四、喷雾机的调压阀

调压阀用来调节液泵的工作压力，并起到安全阀的作用，它主要由调压轮、回水室、卸压手柄、阀门和弹簧等组成（图 4-85）。

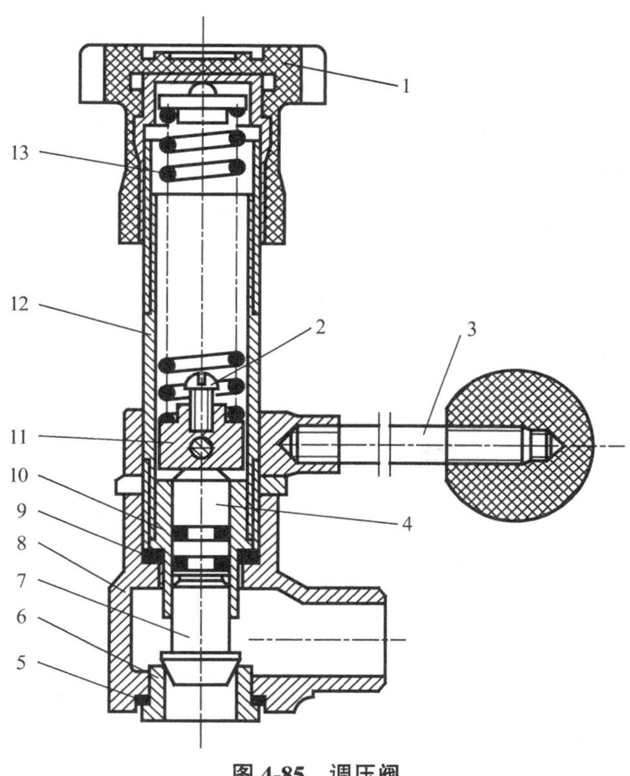

图 4-85　调压阀

1- 调压轮　2- 螺钉　3- 卸压手柄　4- 阻尼塞　5- 垫圈　6- 阀座　7- 阀门
8- 回水室　9- 垫圈　10- 阀套　11- 弹簧托　12- 套管　13- 弹簧

调压阀有三种工作状态：

喷雾时，转动调压轮，使调节弹簧伸缩量改变，以增减对阀门的压力，改变液体回流时通过阀门的流量，从而达到调节工作压力和喷雾量的目的。

当喷雾阀门突然关闭或喷头等有堵塞现象时，液泵工作压力升高。当压力超过弹簧对阀门的压力时，液体顶开阀门通过回流管返回药箱，这时，调压阀起安全阀的作用。

停止喷雾时，可不必停机，将卸压手柄扳到卸压位置，药液全部返回药液箱，使液泵处于低压工作状态。

五、混药器

混药器的作用是将母液与大量的水按一定比例自动均匀混合，以得到科学喷洒的目的。工农 -36 型机动喷雾机上就采用了射流式混药器，它由衬套、射流体、射嘴、T 形接头和吸药滤网等组成（图 4-86）。射流式混药器是利用射流原理进行工作的。当高速水流通过渐缩锥射嘴，在射嘴和衬套间的混合室内产生局部真空，药液便由母药桶被吸入混合室与高速水流混合，经喷头喷出。由于混药器设置在液泵之后，因此，药液不流经液泵，从而避免了药液对液泵的腐蚀。混药器只能在大喷量情况下配合喷枪工作，不适应一般喷头工作。

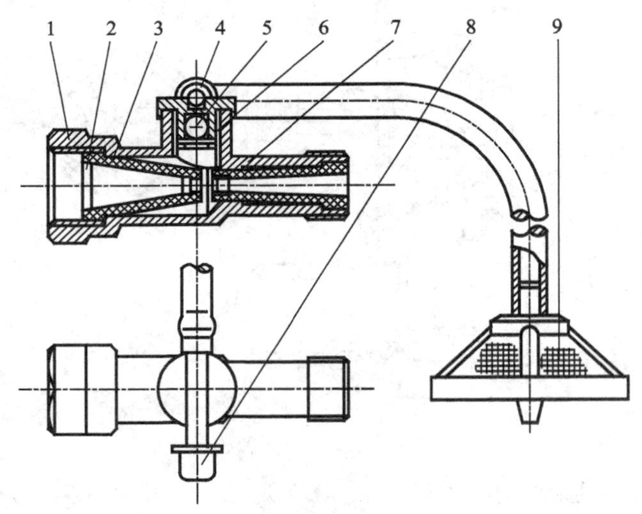

图 4-86 混药器

1- 壳体 2- 垫圈 3- 射嘴 4-T 型接头 5- 玻璃球
6- 衬套 7- 销套 8- 管封 9- 吸药滤网

使用混药器一定要注意混药器吸入母液的浓度，最终决定喷枪喷洒浓度。混药器吸入母液的确定方法如下：首先通过试验方法测出喷枪单位时间喷出量 A 和混药器单位时间吸入量 B。

设：A—喷枪单位时间喷药量，kg/min；

B—混药器单位时间吸入量，kg/min：

1：C—喷枪喷出药液浓度（农艺要求）；

1：D—母液桶内母液相应稀释浓度；

其中，C 为 1 kg 原药液所掺合的水量（kg）；D 为相应母液中，1 kg 原药液所掺合的水量（kg）。

则有：

$$\frac{A}{C+1}=\frac{B}{D+1}$$

一般 C 值较大，与 1 比较大得多，故将（$C+1$）中的 1 略去不计，则上式改为：

$\frac{A}{C}=\frac{B}{D+1}$，得：$D=\frac{BC}{A}-1$

式中：C—农艺要求给定值，如农艺要求喷洒浓度为 1 ：1 000，即 C 为 1 000。A 和 B 值由试验确定后，D 值可按上式计算出来。

第5章 手动喷粉器

手动喷粉器是一种由人力驱动的风机产生气流，喷洒粉剂的机具。手动喷粉器的结构较简单，操作较为方便，而且工效比手动喷雾器高。作业时不消耗液体，可以节省运输液体的人工。但药粉的附着性能差，受风的影响大。它适用于小块旱地、水田，尤其是丘陵山区。手动喷粉器曾是我国使用的主要植保机具之一，年产量曾高达40余万架，产品有丰收-10型、丰收-5型、联合-5型、支农-8型、新丰-7型等。但自停止使用六六六等几种粉剂后，由于缺少适用的粉剂，手动喷粉器的产量和防治面积已大幅度下降。

手动喷粉器按操作者的支承方式有背负式和胸挂式两类，按风机的操作方式有横摇式、立摇式和揿压式等几种。目前国内生产的手动喷粉器有丰收-5型和立摇胸挂式等几种。另外，农村中保有量较多的尚有丰收-10型、联合-5型等。

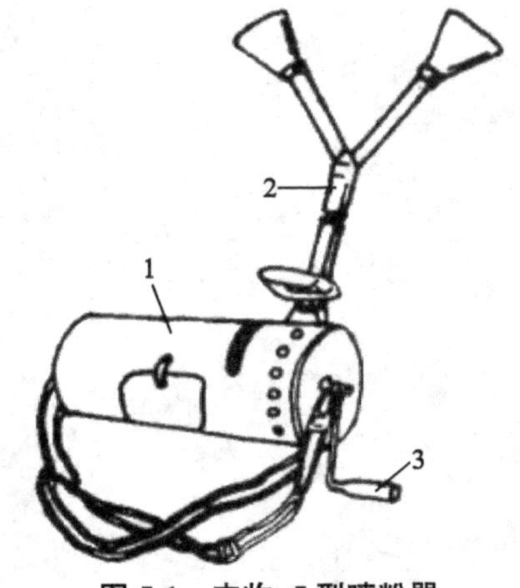

图5-1 丰收-5型喷粉器

1-药粉筒 2-喷洒部件 3-手柄

一、构造

（一）丰收-5型胸挂式手动喷粉器

丰收-5型喷粉器采用卧式圆桶形结构，由药粉桶、齿轮箱、风机及喷洒部件等组成（图5-1）。作业时手柄绕水平轴旋转。桶身内由左至右依次设置着搅拌器、松粉盘、开关盘、风机和齿轮箱（图5-2）。搅拌器用来松动和推送桶内的粉剂。松粉盘用于使粉剂松动。搅拌器和松粉盘与手柄固定在同一根轴上，转速和手柄相同。开关盘固定在桶身内，盘上有一个可以滑转的开关片，盘和片上各有六个圆孔，扳动开关片上的蝶形螺母就可以改变出粉孔的大小，调节出粉量。风机为离心式，风机壳与桶身合一，由齿轮带动。风机的作用是产生高速气流，吹送粉剂。齿轮箱中共有三对圆柱齿轮，增速比为49.2。

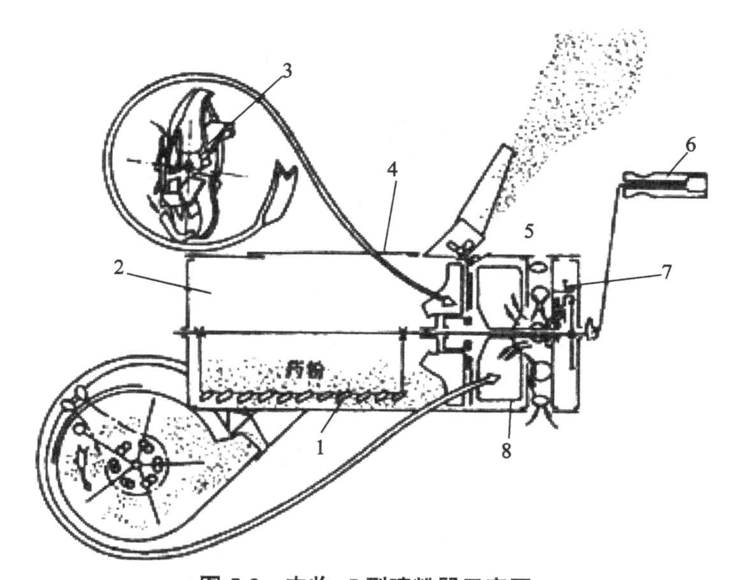

图 5-2　丰收 -5 型喷粉器示意图

1- 搅拌器　2- 药粉桶　3- 松粉盘

4- 桶盖　5- 开关盘　6- 手柄　7- 齿轮箱　8- 风机

（二）胸挂式立摇手动喷粉器

此种喷粉器由粉箱、齿轮箱、风机和喷洒部件等组成（图 5-3）。

立摇式喷粉器的特点是桶身竖直，手柄在桶身上方，绕垂直轴转动，在对较高的作物（如棉花、油菜等）喷粉时，手柄不会缠绕、损伤植株。

喷粉器桶身的上部装有齿轮箱，下部安装风机。粉箱与桶身的中部成一体，粉箱底部呈倒圆锥形，以便于粉剂流动。风机转动轴从粉箱中央穿过，同时也起疏松粉剂、防止药粉架空的作用。输粉器装在风机转动轴上，与粉箱底部保持一定间隙，粉门开关安装在粉箱底部，移动开关手柄，可以改变出粉口的大小，调节喷粉量。喷粉器桶身中都有 8 个风机进风孔，桶身的上部和下部安装有上、下支撑架和背带扣。风机的型式和丰收 -5 型相似，叶轮上有 9 个直叶片，整体注塑而成。齿轮箱有四级传动齿轮，增速比为 47.14。工作时顺时针方向转动手柄，通过四级齿轮增速，带动风机叶轮高速转动，当手柄转速每分钟为 35 转时，叶轮转速达 1 650 r/min，风机的出口流速可以达到 12 m/s。

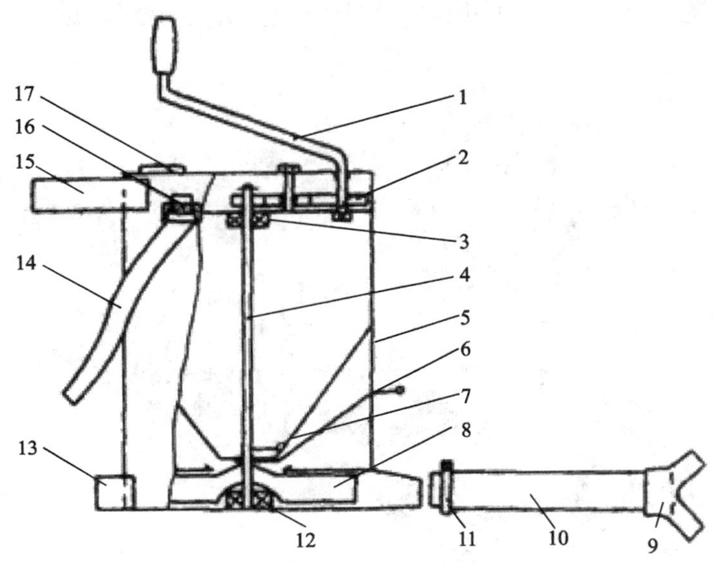

图 5-3 胸挂式立摇手动喷粉器结构示意图

1- 手柄 2- 齿轮 3- 上轴承 4- 风机转动轴 5- 桶身 6- 粉门开关
7- 输粉器 8- 风机叶轮 9-Y 形喷粉头 10- 喷粉管 11- 卡箍 12- 下轴承
13- 下支撑 14- 背带 15- 上支撑 16- 背带扣 17- 加粉盖

（三）3FL-12 型背负式揿压喷粉器

喷粉器（图 5-4）为立式圆桶形，桶身的上方设置底部呈倒圆锥形的粉箱。

粉箱内有搅拌杆，由手柄通过连杆带动，工作时它在粉箱内部前后摆动，使药粉下落，防止架空。风机叶轮轴的上部穿过粉箱底部的中心孔进入粉箱。轴端安装着输粉器。粉箱底部出粉口的下面安装有粉门开关，用以调节喷粉量。桶身的中部为风机，它由叶轮和上、下盖板组成，下盖板与桶身做成一体，风机本身不带风机壳，由桶身作为风机蜗壳，在风机蜗壳起始端处设一隔舌，用以减少风压损失。齿轮箱由一对斜齿轮、一对直齿轮、齿轮箱壳。齿轮箱盖和叶轮轴等组成（图 5-5）。齿轮箱的特点是：小斜齿轮滑套在叶轮轴上，齿轮的下端面上有斜面，可与叶轮轴上的销钉接合或分离，带动叶轮转动或在叶轮轴上空转。当手柄以 45 次 /min 的速度工作时，叶轮的空载转速可达 2 745 r/min。

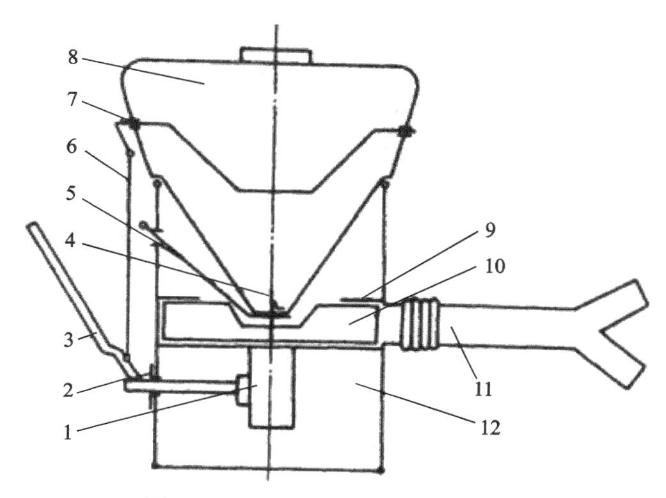

图 5-4　3FL-12 型喷粉器机构示意图

1- 齿轮箱　2- 固定套　3- 手柄　4- 输粉器　5- 粉门开关　6- 连杆　7- 搅拌器
8- 粉箱　9- 风机上盖板　10- 风机叶轮　11- 喷洒部件　12- 桶身

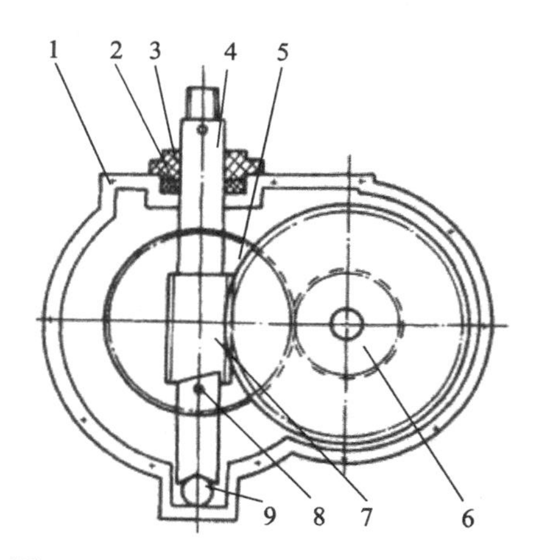

图 5-5　3FL-12 型喷粉器齿轮箱示意图

1- 齿轮箱壳　2- 钢套　3- 压盖　4- 叶轮轴　5- 手柄连接轴与大直齿轮组件
6- 双联齿轮　7- 小斜齿　8- 销钉　9- 钢球

（四）担架式喷粉机

这是一种由小动力带动的喷粉机（图 5-6），采用离心式风机，其叶轮直接与发动机连接，在发动机带动下作高速旋转。粉箱位于排气管道的上方，箱内有发动机相连的振动器，它由振动杆和振动筛组成，当发动机工作时，机体的振动通过振动杆传给振动筛迫使药粉振动，这样可防止药粉结块架空，保证排粉均匀。粉箱的排粉口正位于出风管道的喉管处，由于该处截面变小，气流速度增加，产生低压，由振动筛筛落的药粉便被吸入出风管道而被高速气流带走，由喷射部件喷出。

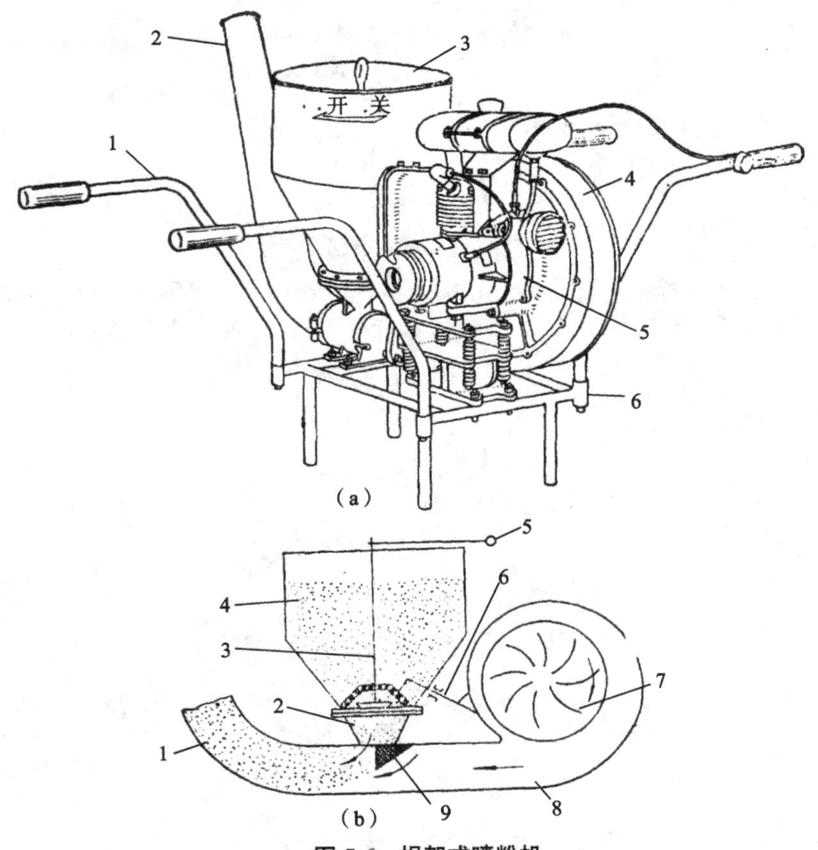

图 5-6　担架式喷粉机

（a）外形图　1- 把手　2- 喷管　3- 粉箱　4- 风机　5- 发动机　6- 机架
（b）工作过程　1- 弯喷管　2- 粉箱座　3- 开关轴　4- 粉箱　5- 开关手柄　6- 振动杆　7- 风机叶轮　8- 直喷管　9- 风角

二、工作原理

丰收 -5 型喷粉器的工作原理如图 5-2 所示，当手柄以额定转速 36 r/min 转动时，通过齿轮箱增速，使叶轮连续地以 1 780 r/min 旋转，产生高速气流；同时搅拌器把药粉向松粉盘推送，药粉从松粉盘边缘的缺口到达开关盘处，经开关盘上的出粉孔吸入风机，并随高速气流一起经喷粉头喷向作物。其他型号的喷粉器，工作原理亦类似。

3FL-12 型喷粉器上安装着上下揿动的手柄，下压手柄时通过两级齿轮的增速，由最后一级的小斜齿轮通过叶轮轴上的销钉带动叶轮轴和叶轮一起转动；当向上抬起手柄时，齿轮的旋转方向改变，小斜齿轮与叶轮轴上的销钉脱开，叶轮轴和叶轮一起靠惯性继续原方向旋转，而小斜齿轮则在轴上空转。再次下压手柄时，又带动叶轮转动，于是叶轮能以高速连续地旋转，产生气流。

三、喷粉器的使用

（1）使用的药粉应干燥，无结块。药粉中应没有木屑、石块、泥块和布头等杂物。

装粉前应先关闭出粉开关（开关盘），以免药粉漏入风机内部，造成积粉，使风机转不动。装好粉后切勿将粉压实，以免结块，影响喷撒。

（2）按每亩喷药量，调节出粉开关。初喷时开度要小些，逐步加大到适当的开度。喷粉时操作者应穿戴防护用具，行走方向一般应同风向垂直或顺风前进。如果需要逆风前进时，要把喷粉管移到人体后面或侧面喷撒，以免中毒。

（3）喷粉中，如药粉从喷粉头成堆落下或从桶身及出粉开关处冒出，表明出粉开关开度过大，药粉进入风机过多，应立即关闭出粉开关，适当加快摇转手柄，让风机内的积粉喷出，然后再重新调整出粉开关的开度。

（4）早晨露水未干时喷粉，应注意不让喷粉头沾着露水，以免阻碍出粉。

（5）中途停止喷粉时，要先关闭出粉开关，再摇几下手柄，把风机内的药粉全部喷干净。

（6）喷粉时，如有不正常的碰击声，手柄摇不动或特别沉重时，应立即停止摇转手柄，要经检查修复后才能继续使用。

第6章 背负式机动喷雾喷粉机

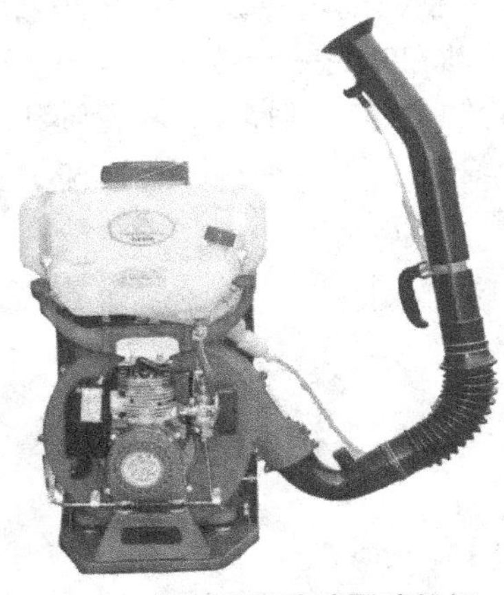

图 6-1　背负式机动喷雾喷粉机

背负式机动喷雾喷粉机图 6-1，图 6-2（以下简称背负机）是采用气流输粉、气压输液、气力喷雾原理，由汽油机驱动的机动植保机具。背负机由于具有操纵轻便、灵活、生产效率高等特点，广泛用于较大面积的农林作物的病虫害防治工作，以及化学除草、叶面施肥、喷洒植物生长调节剂、城市卫生防疫、消灭仓储害虫及家畜体外寄生虫、喷洒颗粒等工作。它不受地理条件限制，在山区、丘陵地区及零散地块上都很适用。

图 6-2　背负式机动喷雾喷粉机工作图

一、背负机的种类

目前我国产背负机产品品种有10多种，主要差别在于：

（1）风机工作转速有5 000、5 500、6 000、6 500、7 000、7 500、8 000 r/min等几种，目前5 500 r/min以下的背负机的年产量占全部产量的75%以上。工作转速低，对发动机零部件精度要求低，可靠性易保证。但提高工作转速可减小风机结构尺寸，降低整机重量。因此目前国外背负机都在向高转速方向发展。

（2）功率有0.8、1.18、1.29、1.47、1.70、2.1、2.94 kW等几种。0.8 kW的小功率背负机主要用于庭院小块地的喷洒；1.18～2.1 kW的背负机主要用于农作物的病虫害防治；而2.94 kW以上的大功率背负机，由于其垂直射程较高，用于树木、果树等的病虫害防治。

（3）风机采用离心风机，结构形式有前弯、后弯和径向式三种。

（4）输粉结构有外流道式——药粉由药箱到喷管的输粉管在风机外侧；内流道式——药粉由药箱到喷管的输粉管在风机内部。外流道式结构简单，维修方便。内流道式可减少药粉的泄漏，且外部整洁美观。

二、主要结构

背负机主要由机架、离心风机、汽油机、油箱、药箱和喷洒装置等部件组成。

（一）机架总成

机架总成是安装汽油机、风机、药箱等部件的基础部件。它主要包括机架、操纵机构、减振装置、背带和背垫等部件。

机架一般由钢管弯制而成。目前也有工程塑料机架，以减轻整机重量。机架的结构形式及其刚度、强度直接影响背负机整机可靠性、振动等性能指标。18型背负机机架总成见图6-3。

（二）离心风机

风机是背负机的重要部件之一。它的功用是产生高速气流，将药液破碎雾化或将药粉吹散，并将之送向远方。

背负机上所使用的风机均为小型高速离心风机。气流由叶轮轴向进入风机，获得能量后的高速气流沿叶轮圆周切线方向流出。

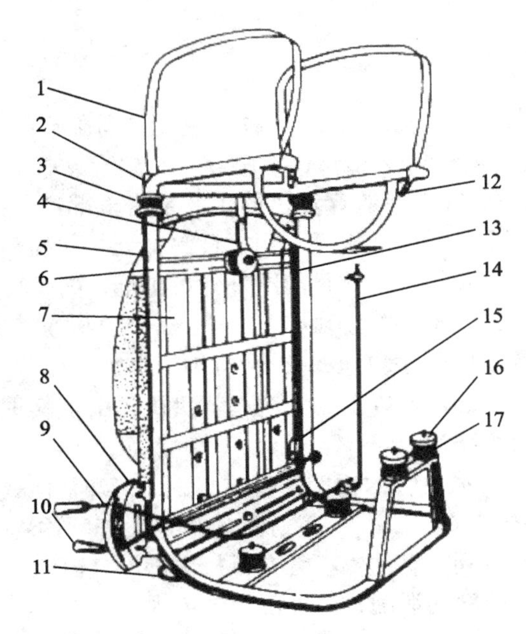

图 6-3 背负式机动喷雾喷粉机机架总成

1- 夹带组件 2- 上机架焊合 3- 支撑组装 4- 吊耳 5- 背带 6- 机架焊合总成 7- 靠背总成 8- 调量壳 9- 油门轴焊合 10- 粉门轴焊合 11- 耳子 12- 固定耳子 13- 粉门拉杆 14- 油门拉杆 15- 接头 16- 减振壳 17- 支撑组装

（三）药箱总成

药箱总成的功用是盛放药液（粉），并借助引进高速气流进行输药。主要部件有：药箱盖、滤网、进气管、药箱、粉门体、吹粉管、输粉管及密封件等。为了防腐，其材料主要为耐腐蚀的塑料和橡胶。

药箱的形状应有利于排净药液（粉），减少箱内的药液（粉）残留。药箱的壁厚应均匀，表面平整光滑，强度好。药箱总成各连结部分应具有良好、可靠的密封。在 10 kPa 的气压下，不得有泄漏，以保证正常输液（粉）。

背负机既可喷雾，又可喷粉，药箱只需更换少许零件就能胜任两种作业要求。下面以 WFB-18AC 型背负机药箱总成为例，按两种作业状态介绍药箱总成各零件的功用。

1. 喷雾作业

喷雾作业时的药箱总成见图 6-4。药液经滤网加至药箱容积的 4/5 左右。作业时，由风机引风管引出的少量高速气流，由进气塞经进气管到出气塞，进入药箱，并在药液上部形成一定的压力，迫使药液经开关流出。

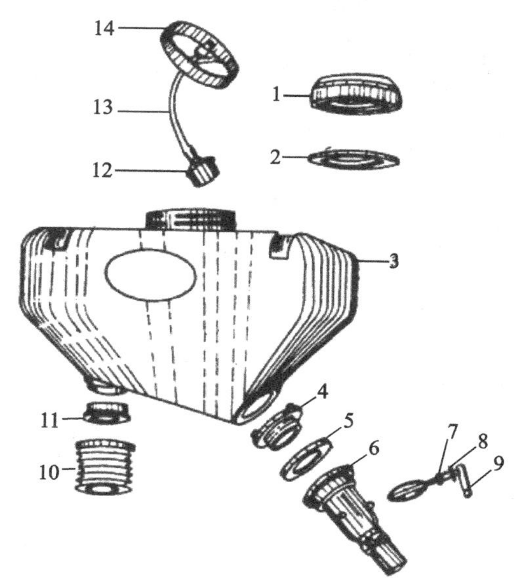

图 6-4　喷雾作业时的药箱总成

1- 药箱盖　2- 密封圈　3- 药箱　4- 压紧螺圈　5- 密封垫
6- 粉门　7- 密封垫　8- 压紧螺丝　9- 粉门轴焊合　10- 接风管
11- 进风胶垫　12- 进气塞　13- 进风管　14- 过滤网

药箱内气压大小直接影响喷雾量的大小。因此药箱盖处应密封可靠。药箱口应平整，无裂痕、飞边。药箱盖胶圈用发泡橡胶制成，有一定的压缩余量，保证密封可靠。滤网的作用是过滤药液中的杂质，以防堵塞开关、喷头等。

2. 喷粉作业

喷粉作业时的药箱总成见图 6-5。药箱内加入药粉。作业时，由引风管引出的少量高速气流从吹粉管上的小孔吹出，使药箱中的药粉松散，以粉气混合状态吹向粉门体。

粉门体组件的作用是控制输粉量的大小。它由粉门操纵杆、粉门拉杆、粉门轴、挡风板、粉门体、粉门压紧螺母、密封垫等部件组成。上下拉动粉门操纵杆，带动粉门拉杆上下位移，引起粉门体上粉门轴和轴上的挡风板转动，改变粉门体处流通截面的大小，即改变输粉量。

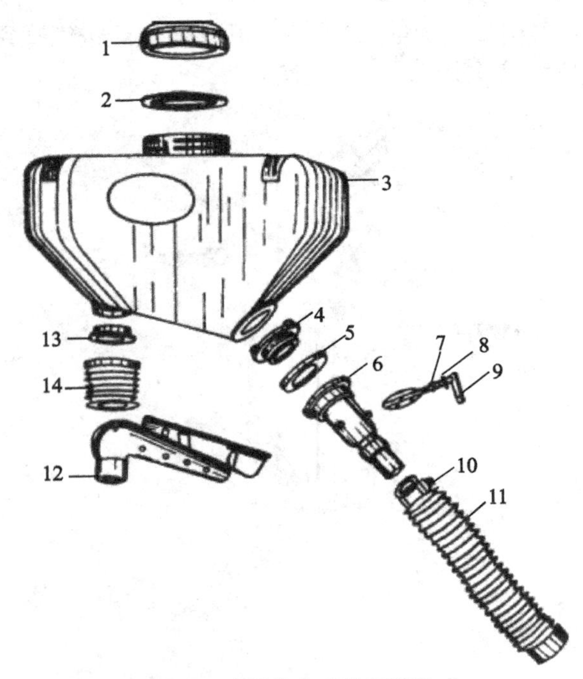

图 6-5　喷粉作业时的药箱总成

1- 药箱盖　2- 密封盖　3- 药箱　4- 压紧螺圈　5、7- 密封垫
6- 粉门体　8- 压紧螺丝　9- 粉门轴焊合　10- 喉箍　11- 输粉管
12- 吹风管组装　13- 进气胶圈　14- 接风管

装配时，扳动粉门操纵杆，观察挡风板的位置。当粉门操纵杆处于最下位置时，挡风板应封闭粉门体截面，防止在转移地块机具高速工作时药粉漏出。而当粉门操纵杆在最高位置时，挡风板应与粉门体下粉方向平行，以获得最大流通截面。否则应通过调节粉门拉杆长短来调整。

（四）喷洒装置

喷洒装置的功用是输风、输粉流和药液。主要包括弯头、软管、直管、弯管、喷头、药液开关和输液管等（图 6-6）。

1. 弯头

功用是改变风机出口气流的方向，并产生一定的负压（吸力）以利于输粉。有部分机型为不破坏风机内部完整流道，在弯头处开有引风口，引出少量高速气流进入药箱。少数机型粉门开关也设计在弯头上。

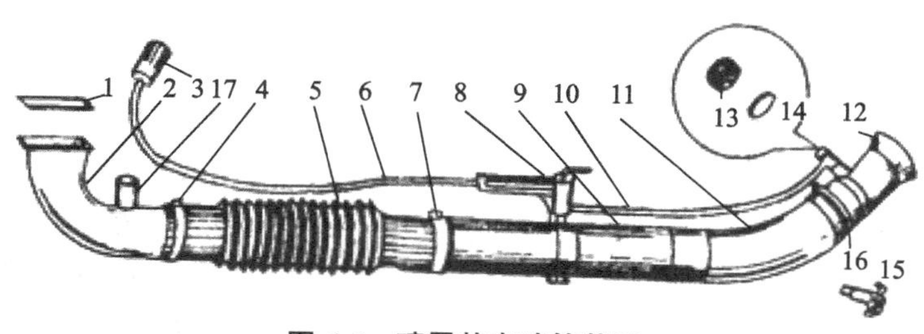

图 6-6　喷雾状态喷管装置

1- 垫圈　2- 弯头　3- 出水塞　4、7、16- 喉箍　5- 软管　6- 输液管　8- 喉管手把组合　9- 直管　10- 输液管　11- 弯管　12- 喷管　13- 压盖　14- 密封垫　15- 喷嘴　17- 下粉口胶塞

2. 软管（也称蛇形管）

功用是在作业时可任意改变喷洒方向。软管材质一般为塑料，目前也有橡胶制造的，以提高其抗老化性和低温作业时弯曲能力。

3. 直管和弯管

主要是为增加整个喷管的长度。一般从弯头至喷头出口整个喷管长度应大于 1m，以减轻作业时药液（粉）对作业人员的人身侵害。弯管另一作用是药液（粉）从喷口喷出时，出口方向略向上斜，雾流呈抛物线状，有利于雾滴落入植物中、下部。

4. 喷头

功用是在喷雾作业时起雾化作用。即利用高速气流将药箱输送至喷头的药液吹散成细小雾滴。

（五）配套动力

背负机的配套动力都是结构紧凑、体积小、转速高的二冲程汽油机。目前国内背负机配套汽油机的转速 5 000 ~ 7 500 r/min，功率 1.18 ~ 2.94 kW。汽油机质量的好坏直接影响背负机使用可靠性。

（六）油箱

油箱的功用是存放汽油机所用的燃油。容量一般为 1 L。在油箱的进油口和出油口，配置滤网，进行二级过滤，确保流入化油器主量孔的燃油清洁，无杂质。

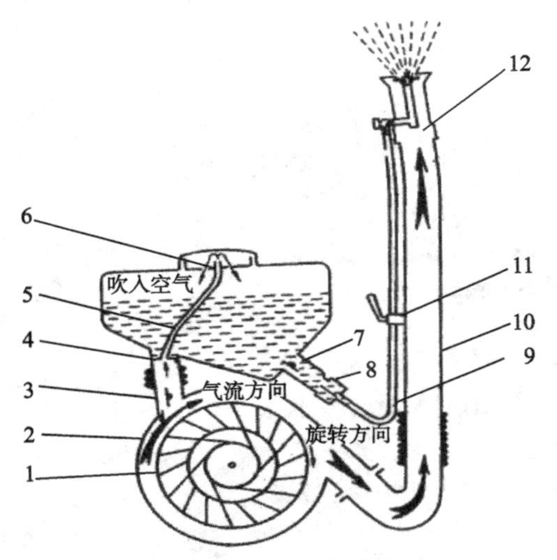

图 6-7　背负机喷雾工作原理

1- 叶轮　2- 风机壳　3- 出风筒
4- 进气塞　5- 进气管　6- 过滤网组合
7- 粉门体　8- 出水塞　9- 输液管
10- 喷管　11- 开关　12- 喷头

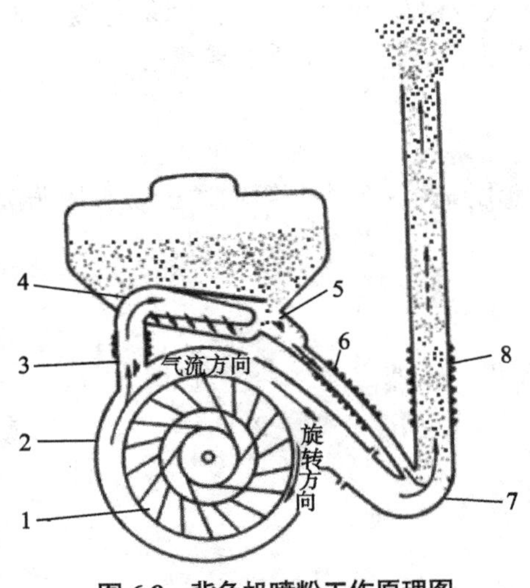

图 6-8　背负机喷粉工作原理图

1- 叶轮　2- 风机壳　3- 出风筒　4- 吹风管
5- 粉门体　6- 输风管　7- 弯头　8- 喷管

在出油口处装有一个油开关。

三、工作原理

背负式喷雾喷粉机是由汽油机带动离心风机高速旋转，产生高速气流，实现气流输粉、气压输液和气力雾化。由于背负机种类较多，结构略有不同，但其工作原理基本相似。下面以产量较多的 WFB-18AC 型背负机为例，介绍其工作原理。

（一）喷雾

如图 6-7 所示，离心风机与汽油机输出轴直连，汽油机带动风机叶轮旋转，产生高速气流，并在风机出口处形成一定压力，其中大部分高速气流经风机出口流经喷管 10，而少量气流经出风筒 3、进气塞 4、进气管 5、过滤网组合 6 流进药箱内，使药箱中形成一定的气压。药液在压力的作用下，经粉门 7、出水塞 8、输液管 9、开关 11 流到喷头 12，从喷嘴周围的小孔以一定的流量流出，先与喷嘴叶片相撞，初步雾化，再与高速气流在喷口中冲击相遇，进一步雾化，弥散成细小雾粒，并随气流吹到很远的前方。

（二）喷粉

如图 6-8 所示，和喷雾一样，汽油机带动风机叶轮旋转，大部分高速气流经风机出口流经喷管 8 而少量气流经出风筒 3 进入吹粉管 4，然后由吹粉管上的小孔吹出，使药箱中的药粉松散，以粉气混合状态吹向粉门体。由于弯头 7 下粉口处有负压，将粉剂吸到弯头内。这时粉剂被从风机出来的高速气流，通过喷管 8 吹向远方。

四、背负机操作步骤及使用注意事项

机具作业前应先按汽油机有关操作方法，检查其油路系统和电路系统后进行启动，确保汽油机工作正常。

（一）喷雾作业

机具处于喷雾作业状态。加药前先用清水试喷一次，保证各连接处无渗漏；加药时不要过急过满，以免从过滤网出气口溢进风机壳里；药液必须干净，以免喷嘴堵塞；加药后要盖紧药箱盖。

启动发动机，使之处于怠速运转。背起机具后，调整油门开关使汽油机稳定在额定转速左右，开启药液手把开关即可开始作业。

喷药时应注意：

（1）开关开启后，严禁停留在一处喷洒，以防对植物产生药害。

（2）背负机喷洒属飘移性喷洒，应采用侧向喷洒方式，以免人身受药液侵害。

（3）喷药前首先校正背机人的行走速度，并按行进速度和喷量大小，核算施液量。喷药时严格按预定的喷量大小和行走速度进行。前进速度应基本一致，以保证喷洒均匀。

（4）大田作业喷洒可变换弯管方向，喷洒灌木丛时可将弯管口朝下，防止雾粒向上飞扬。

（二）喷粉作业

机具处于喷粉作业状态。关好粉门后加粉。粉剂应干燥，不得含有杂草、杂物和结块。加粉后旋紧药箱盖。

启动发动机，使之处于怠速运转。背起机具后，调整油门开关使汽油机稳定在额定转速左右。然后调整粉门操纵手柄进行喷洒。

使用薄膜喷粉管进行喷粉时，应先将喷粉管从摇把绞车上放出，再加大油门，使薄膜喷粉管吹起来，然后调整粉门喷洒。为防止喷管末端存粉，前进中应随时抖动喷管。

在背负机使用过程中，必须注意防毒、防火、防机器事故发生，尤其防毒应十分重视。因喷洒的药剂，浓度较手动喷雾器大，雾粒极细，田间作业时，机具周围形成一片雾云，很易吸进人体内引起中毒。因此必须从思想上引起重视，确保人身安全。作业时应注意：

（1）背机时间不要过长，应以 3 ~ 4 人组成一组，轮流背负，相互交替，避免背机人长期处于药雾中吸不到新鲜空气。

（2）背机人必须配戴口罩，口罩应经常洗换。作业时携带毛巾、肥皂，随时洗脸、洗手、漱口、擦洗着药处。

（3）避免顶风作业，禁止喷管在作业者前方以八字形交叉方式喷洒。

（4）发现有中毒症状时，应立即停止背机，求医诊治。

本机工作药液浓度大，喷洒雾粒细，除人身要安全外，还应注意植物中毒，产生药害。

背负机用汽油作燃料，应注意防火。

五、背负机的调整

WFB-18AC 和 WFB-18BC 型背负机可按下列方法调整。

（一）汽油机转速的调整

机具经修理或拆卸后需要重新调整汽油机转速。

1. 油门为硬连接的汽油机

（1）安正并紧固化油器卡箍。

（2）启动汽油机，低速运转 3 ~ 5 min，逐渐提升油门操纵杆至上限位置。若转速过高，旋松油门拉杆上面的螺母，拧紧拉杆下面的螺母；若转速过低，则反向调整。

2. 油门为软连接的汽油机

当油门操纵杆置于调量壳上端位置，汽油机仍达不到标定转速或超过标定转速时，应按以下方法进行调整（图 6-9）：

（1）松开锁紧螺母。

（2）向下旋调整螺钉，转速下降；向上旋，转速上升。

（3）调整完毕，拧紧锁紧螺母。

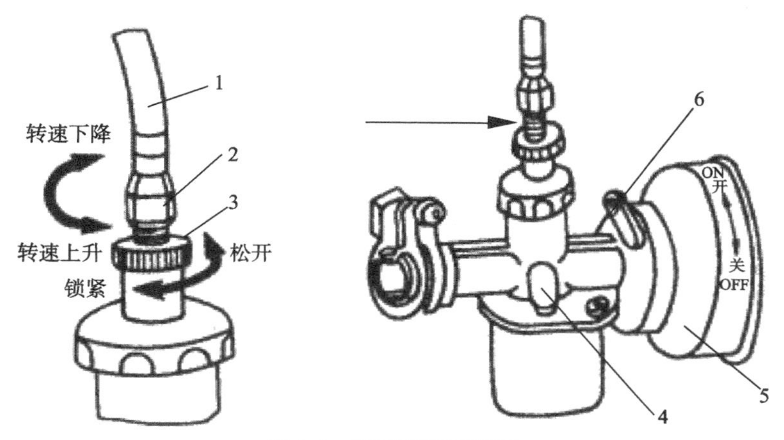

图 6-9　转速调整示意图

1- 油门绳　2- 调整螺钉　3- 锁紧螺母　4- 加浓杆
5- 空气滤清器　6- 阻风门手柄

（二）粉门调整

当粉门操纵手柄处于最低位置，粉门关不严，有漏粉现象时，按以下方法调整粉门：

（1）拔出粉门轴与粉门拉杆连接的开口销，使拉杆与粉门轴脱离。

（2）用手扳动粉门轴摇臂，迫使粉门挡粉板与粉门体内壁贴实。

（3）粉门操纵杆置于调量壳的下限，调节拉杆长度（顺时针转动拉杆，拉杆即缩短；反之拉杆伸长），使拉杆顶端横轴插入粉门轴摇臂上的孔中，用开口销销住。其他机型可参照进行。

第三篇 机械施药技术规范

如果把农药比作病、虫、草害防治中的弹药，那么施药机具就是战士手中的枪炮，只有采用正确的施药方法，才能使喷洒出去的农药尽可能地击中靶标生物，不仅提高了施药质量，而且还会显著降低农药施用对环境的压力，减轻操作者自身被农药污染的程度。

实际农业生产中，不规范施药的情况常常见到：①有的施药人员没有任何防护措施，赤膊上阵，或虽然穿着衣服，可衣服上沾满药液，极易引起人员中毒事故；②夏天高温季节，一个人在田间喷洒高毒农药，发生中毒后得不到及时救护；③在风速较大，已不适合喷洒除草剂的天气情况下还在田间喷雾，由于农药雾滴飘移造成邻近作物药害事故，带来社会问题；④有的操作者故意把喷雾机具装配的标准尺寸喷头的喷孔用钉子扩大，只图喷雾速度快，实际上降低了施药质量和作业效率；⑤在使用泰山 -18 背负机动喷雾机时，采用大容量喷雾方式，以看到药液从作物叶片滴淌为均匀喷雾指标，工作效率低，农药有效利用率低；还有很多例子不再列举。这些不规范施药技术，不仅造成农药有效利用率低，还带来了作物药害、环境污染、操作者中毒等负面影响，造成经济损失和社会危害。

因此，采用规范化的施药技术，提高施药安全性和施药质量在农药科学使用中显得尤为突出。施药安全性主要包括对作物、环境和操作者的安全性，施药质量包括药剂在施药区域内沉积分布状况和所取得的防治效果两个方面。影响施药安全性和施药质量的主要因素有施药方法、施药器械、喷洒药液的物理性状和施药时的环境条件等。

规范化科学施用农药，首先应正确选择农药、剂型和相应的施药方法。同一种农药防治同一种有害生物，采用的施药方法不同，其防治效果和所需药剂的量往往会有显著差异。施药方法也会影响农药对环境污染和有益生物危害的程度。这是因为农作物种类很多，而形态和结构各异，农药的粉粒或雾滴在各种农田中的穿透和分布状况也不一样，必须根据农药性能和施药对象的特征选用适当的方法施药，才能把少量农药均匀喷洒到靶标上。如粉尘法施药技术用在封闭条件的棚室内，利用粉粒在空间扩散、飞翔、飘浮作用，可使粉剂在空中悬浮相当长时间，从而获得满意的防治效果。但是不能用于露地苗期作物的农田，否则粉尘的飘翔效应会造成药粉扩散而污染空气和环境，且不能取得良好防治效果。

规范化科学施用农药，消除农药负面影响，制定机械施药技术规范是至关重要的。在国家科技部基础性工作专项基金资助下，通过对不同施药机具的不同施药方法的安全性和施药质量进行室内和田间试验，农业部南京农业机械化研究所、中国农业科学院植物保护研究所、中国农业大学药械与施药技术研究室等单位研究制定了我国的机械施药技术规范。目的是指导施药人员在施药全过程中尽可能地消除农药所带来的负面影响，提高农药防治病虫害的效率。

第7章 常规施药技术规范

一、施药前的技术规范

（一）确定靶标生物种类和危害程度

施药前首先应进行田间靶标生物检查，确定田间和周边作物及其病、虫、草害的种类以及为害程度。如果不能确定，可以到当地农业技术推广部门、植保部门、农药销售部门或向有经验的农民咨询。

针对农田作物和病虫草害为害状况，选择适宜的防治方法。尽量用农业、物理和生物方法来控制病、虫、草害，只有当其他技术不能满足田间防治要求的情况下才选用化学农药，以最大程度地减少化学农药在防治病、虫、草害的同时带来的负面影响。

（二）选择农药

根据不同作物的不同生长期和不同病、虫、草害，在当地植保部门的帮助下选择正确的农药及剂型。选择的农药必须是经过农药管理部门登记注册的正规产品。购买时应该查看产品标签，标签上应该注明农药名称、企业名称、农药三证（即农药登记证、准产证和农药标准）以及农药的有效成分、含量、重量、产品性能、毒性、用途、使用技术、使用方法、生产日期、产品质量保证期和注意事项等，农药分装的还应当注明分装单位。

仔细阅读农药产品标签。确定防治对象，确定对作物的安全性，确定符合作物收获安全间隔期，确定对家畜、有益昆虫和环境的安全性。

通知施药田块邻近地块的户主和居住在附近的居民，并采取相应措施避免农药雾滴飘移引起对邻近作物的药害、家畜中毒及对其他有益生物的伤害。

（三）看天施药

气象因子不仅影响有害生物种群的活动，对农药安全使用也有影响，因此，施药前要查看气象条件。田间温度、湿度、雨露、光照和气流（水平气流和上升气流）等气象因子复杂多变，对农药的运动、沉积、分布会产生很大影响，并最终表现为对防治效果、农药在环境中的扩散分布动向所产生的影响，这些影响正是施药技术规范化所要考虑的问题。

就风速对施药的影响，过去提倡在无风条件下喷雾，但在无风条件下特别是在早晨经常有逆温现象，因而低速下降的小雾滴可能在空中悬浮很长时间，易于造成小雾滴向各个方向飘移，甚至可能沉降到距离施药点数千米以外的地方；研究发现，一定的风速有利于提高雾滴的沉积率，因此，建议在轻风条件下用药，1 ~ 4 m/s 的风速有利于雾滴在生物靶标上的沉积。田间施药时应参照表 7-1 的风速条件，在不适合的气象条件下要避免施药。

表 7-1　不同风速条件对田间施药的影响

名称	风速（m/s）	可见征象	是否适合喷雾
无风	＜ 0.5	静、烟直上	不适合
软风	0.5 ~ 1.0	烟能表示方向	不适合
轻风	1.0 ~ 2.0	人面感觉有风，树叶有微响	适合
微风	2.0 ~ 4.0	树叶和小树枝摇动不定	不适合除草剂，适合杀虫剂、杀菌剂的喷洒
和风	＞ 4.0	能吹起地面灰尘和纸张，树枝摇动	避免喷雾

对于不同的防治对象，使用不同的施药方法和防治机具，作业时要求的气象条件也有所区别，这在以后各小节中详细叙述。

（四）选择机具

根据作物品种、生长期、病虫草害种类，确定农药及剂型后应选择适宜的施药机具。随着我国加入 WTO，施药机具已被列入国家强制性产品目录，因此，选购机具必须是具有国家认可的检测机构出具证明的、有国家强制性产品认证 CCC 标志的合格产品。机具应有产品合格证、随机技术文件（使用说明书等）、配件等。旧机具应经维修保养，性能不低于使用说明书的要求。

施药前应将施药机具装上不含农药的介质（根据机具的不同选择清水、柴油或陶土粉）进行试喷，检查各运动部件是否灵活，雾流是否均匀，有无“跑、冒、滴、漏”现象。发现问题，应及时维修、校正。

（五）选择施药方法

（1）使用胃毒性杀虫剂时要求喷雾药液充分覆盖作物。

（2）使用触杀性杀虫剂时应将喷头对准靶标喷洒或充分覆盖作物，使害虫活动时接触药剂死亡。对于栖歇在作物叶背的害虫（如棉花苗蚜）应采用叶背定向喷雾法。

（3）使用内吸性杀虫剂应根据药剂内吸传导特点，可以采用株顶定向喷雾法喷洒药液。

（4）使用保护性杀菌剂时应在植物未被病原菌侵染前或侵染初期施药，要求有效雾滴密度高、覆盖好。

（5）使用触杀性除草剂时喷雾器喷射部件一定要配置喷头防护罩，喷洒时对靶作业，不得重喷及漏喷。

一般情况下低容量喷雾的经济效益显著，单位面积用药量少、工效高、机械能量消耗低且防治及时等，是首选使用的喷雾方法。但和常量喷雾相比也存在着缺点和不足之处：不宜用高毒农药；雾滴穿透性能差，对密植作物后期为害其基部的害虫（如稻褐虱）不甚奏效；喷施具有选择性的除草剂时，这种喷药方法由于雾滴小，飘移性强，往往会对邻近地块上的敏感作物造成飘移性危害，这时应采用合适的喷头或常量喷雾法对作物进行针对性喷雾。

（六）作业参数确定

1. 确定使药液量

农田病虫害的防治，每公顷所需农药量（有效成份，g）是确定的，但由于选用施药机具和雾化方法不同，所需用水量变化很大。应根据不同喷雾机具及施药方法和该方法的技术规定来决定施药液量（L/hm^2）。

2. 计算行走速度

施药作业前，应根据实际作业情况首先测定喷头流量 Q，并确定机具有效喷幅 B，然后计算行走速度 V。

$$V=\frac{Q}{qB}\times 10^4$$

式中：V—行走速度，m/s；

Q—喷头流量，L/s；

q—以上要求的施药液量，L/hm²；

B—有效喷幅，m。

若计算的行走速度过高或过低，实际作业有困难时，在保证药效的前提下，可适当改变药液浓度，以改变使药液量，或更换喷头来调整作业速度。

3. 校核施药液量

药箱内装入额定容量的清水，以 V 速作业前进，测定喷完一箱清水的行走距离 L，重复 3 次，取平均值。按下式校核使药液量：

$$q' = \frac{G}{BL} \times 10^4$$

式中：q' —实际施药液量，L/hm²；

G—药箱额定容量，L；

L—喷完一箱水的行进距离，m。

q' 应满足下式，并保证用药液量（农药有效成分）不变。

$$\frac{q' - q}{q} \times 100\% \leqslant 10\%$$

4. 计算出作业田块需要的用药量和加水量

①确定所需处理农田的面积（公顷计）；

②根据所校验的田间施药液量 q'（L/hm²），确定所需处理农田面积上的实际施药液量 q''（L/ 处理田块面积）；

③根据农药说明书或植保手册，确定所选农药的用药量（有效成分，g/ hm²）；

④根据所需处理的实际农田面积，准确计算出实际需用农药量 w（有效成分，g/ 处理田块面积）。

对于小块农田，施药液量不超过一药箱的情况下可直接一次性配完药液。

若田块面积较大，施药液量超过一药箱时，则可以以药箱为单位来配制药液：

将上述实际施药液量 q''（L/ 处理田块面积）除以喷雾器药箱的额定装载容积（G），得到处理田块上共需喷多少药箱（N）的药液，以及每一药箱中应加入的农药量（w/N）。这时往药箱中加水量为额定装载容量；而每一药箱中应加入的农药量应为 w/N。

凡是需要称重计量的农药，可以在安全场所预先分装。即把每一药箱所需用的农药预先称好，分成 N 份，带到田间备用。这样，田间作业时，只要记住每一药箱加一份药即可，不至于出错，也比较安全，以免田间风对粉末状药剂（如可湿性粉剂）造成的飘失。

（七）配制农药

配制农药前，配药人员应戴上防护口罩和塑胶手套，穿上长袖裤和鞋袜，准备干净的清水，做冲洗手、脸之用。用量器严格按要求量取药液和药粉，不得任意增加用量，提高浓度。

打开农药容器时脸要避开药瓶或药袋口。配制农药时应用棍棒搅拌，不准用手或身体任何裸露部分接触农药。往药箱中加入药水时均应过滤。

1. 配制液态农药制剂

先取施药液量所需用水量的一半放入药箱中，然后用量器衡量取计算出的实际用药量加入到药箱的水中，用剩余的水分 2～3 次冲洗计量农药用的量器，冲洗水全部加入药箱中，搅拌均匀。

2. 配制可湿性粉剂农药

应用专用容器将药粉加少量清水调成糊状，然后加一定清水稀释，搅拌并倒入药箱中（药箱中先盛一半清水）。最后同样用剩余的水分 2～3 次冲洗量器和配药专用容器，冲洗水全部加入药箱中，搅拌均匀。

3. 混合配制可湿性粉剂和液态农药制剂

应先将药粉加少量清水调成糊状，再加部分清水搅拌，然后加入液态农药制剂混合搅拌并倒入药箱中（药箱中先盛一半清水）。最后用同样的水分 2～3 次冲洗量器和配药专用容器，冲洗水全部加入药箱中，搅拌均匀。

（八）根据风向确定作业行走路线

首先要根据风力确定有效喷幅和行走方向。行走方向与风向垂直，最小夹角不小于 45°，喷雾作业时要保持人体处于上风方向喷药，实行顺风，隔行喷雾，严禁逆风喷洒农药。

为保证喷雾质量和药效，在风速过大（大于 5 m/s）和风向多变不稳时不宜喷雾。

无风时也不能进行漂移性喷雾。只是因为在无风条件下，特别是在早晨经常有逆风现象时，低速下降的小雾滴可能在空中悬浮过长时间，易造成小雾滴向各个方向漂移，甚至可能沉降到数百米以外的地方，对邻近环境造成农药污染。

（九）操作人员及注意事项

（1）操作人员必须经过时要技术培训，应熟悉机具、农药、农艺等相关知识。施药时应做到三穿（穿长袖衣服、穿长裤、穿鞋袜），四带（戴口罩、戴手套、带肥皂及带工具备件），喷粉作业时应戴上防风镜。严格按操作规程作业。

（2）施药人员最好不要在无人知晓的情况下单独作业，特别是在喷洒高毒农药时，以免发生农药中毒时不能及时救治。

（3）老、弱、病、童、皮肤损伤未愈者及妇女哺乳期、孕期、经期不得进行施药操作。

（4）施药过程中禁止吸烟、喝水、吃东西，不能用手擦嘴、脸及眼睛。

（5）施药中若遇喷头堵塞等故障，应立即关闭截止阀，先用清水冲洗喷头，然后戴着乳胶手套进行故障排除，应用毛刷疏通喷孔，严禁用嘴吹、吸喷头和过滤网。

（6）施药操作人员应站在上风，实行顺风，隔行喷雾，严禁逆风喷洒农药。

（7）施药人员每天施药时间不超过6 h，如有头痛、头晕、恶心、呕吐等症状，应立即离开施药现场，严重者应及时送医院诊治。

二、施药后的技术规范

（一）安全标记

施药后应在田边插入“禁止人员进入”的警示标记，避免人员误食喷洒高毒农药后田块的农产品引起的中毒事故。塑料大棚作业后不可立即进入棚室内，以免人员吸入漂浮在空中的细小农药雾滴或农药颗粒；开棚后也要先充分进行通风换气才可进入棚室作业。

（二）残液处理

喷雾器中未喷完的残液应用专用药瓶存放，安全带回。配药用的空药瓶，空药袋应集中收集，妥善处理，不准随意丢弃。此类废弃农药包装最好交给原生产厂家集中处置。但在尚未建立这种农药回收制度的情况下，可以采取挖坑深埋的办法来处置。挖坑地点应在离生活区远的地方，而且地下水很深、降雨量小或能避雨、远离各种水源的荒偏地带。

（三）机具清洗

每次施药后，机具应在田间全面清洗。喷雾机下一班次如更换药剂或作物，应注意两种药及在田间是否会产生化学反应而影响药效或对另一种作物产生药害，此时可用浓碱水反复清洗多次，也可用大量清水冲洗后，再用0.2%的苏打水或0.1%的活性炭悬浮液浸泡，再用清水冲洗。

清洗机具的污水，应在田间选择安全地点妥善处理，不得带回生活区，不准随地泼洒，防止污染环境。带自动加水装置的喷雾机，其加水管路应置于水源处，不得随机运行，并不准在生活水源中吸水。

（四）机具保养

每年防治季节过后，应把重点部件用热洗涤剂或弱碱水清洗，再用清水清洗干净，晾干后存放。某些施药器械有特殊的维护保养要求，应严格按要求执行。

（五）操作人员安全防护

操作人员工作全部完毕后及时更换工作服，并用肥皂清洗手、脸等裸露部分皮肤，用清水嗽口。

第8章 各类植保机械（具）施药技术规范

第一节　手动喷雾器施药技术规范

手动喷雾器是用手动方式产生压力来喷洒药液的施药机具，它具有使用操作方便、适应性广等特点，可用于水、旱地及丘陵山区，防治水稻、水麦、棉花、蔬菜和果树等作物的病、虫、草害，也可用于防治仓储害虫卫生防疫。通过改变喷片孔径大小，手动喷雾器既可作常量喷雾，也可作低容量喷雾。

一、施药前的准备工作

（一）测试气象条件

进行低量喷雾时，风速应在 1 ~ 2 m/s；进行常量喷雾时，风速小于 3 m/s，当风速＞ 4 m/s 时不可进行农药喷洒作业，降雨和气温超过 32℃时也不允许喷洒农药。

（二）机具的调整

（1）背负式喷雾器装药前，应在喷雾器皮碗及摇杆轴处，气室内置的喷雾器应在滑套及活塞处涂上适量的润滑油。

（2）压缩喷雾器使用前应检查并保证安全阀的阀芯运动灵活，排气孔畅通。

（3）根据操作者身材，调节好背带长度。

（4）药箱内装上适量清水并以每分钟 10 ~ 25 次的频率摇动摇杆，检查各密封处有无渗漏现象；喷头处雾型是否正常。

（5）根据不同的作业要求，选择合适的喷射部件。

喷头选择：喷除草剂、植物生长调节剂用扇形雾喷头；喷杀虫剂、杀菌剂应用空心圆锥雾喷头。

单喷头：适用于作物生长前期中后进行各种定向针对性喷雾、飘移性喷雾。

双喷头：适用于作物中后期株顶向喷雾。

横杆式三喷头、四喷头：适用于蔬菜、花卉及水、旱田进行株顶向喷雾。

（三）作业参数的计算

1. 确定施药液量

根据作物种类、生长期和病虫种类，确定采用常量喷雾还是低量喷雾和施药液量，并选择适宜喷孔的喷孔片，决定垫圈数量。空心圆锥雾喷头的 1.3 ~ 1.6 mm 孔径喷片适合常量喷雾，亩施药量在 40 L 以上；0.7 mm 孔径喷片适宜低量喷雾，亩施药量可降至 10 L 左右。

2. 计算行走速度

应根据风力确定有效喷幅，并测出喷头流量。校核施药液量首先要准确掌握喷头流量。喷头流量多少是由喷片孔径和喷雾压力大小决定的，因此在选择好喷片后，要实测其在喷雾压力下的药液流量，以便准确掌握每亩施药量。

3. 流量的测定方法

将喷雾器装上清水，按喷药时的方法打气和喷药，用量杯接取喷出的清水，计算每分钟喷出多少毫升药液，然后根据公式计算作业时的行走速度。校核施药液量，并使其误差率＜ 10%。计算作业田块需要的用药量和加水量。

二、施药中的技术规范

（1）作业前先按操作规程配制好农药。向药液桶内加注药液前，一定要将开关关闭，以免药液漏出，加注药液要用滤网过滤。药液不要超过桶壁上所示水位线位置。加注药液后，必须盖紧桶盖，以免作业时药漏出。

（2）背负式喷雾器作业时，应先压动摇杆数次，使气室的气压达到工作压力后再打开开头，边走边气边喷雾。如压动摇杆感到沉重，就不能过分用力，以免气室爆炸。对于工农 -16 型喷雾器，一般走 2 ~ 3 步摇杆上下压动一次；每分钟压动摇杆 18 ~ 25 次即可。

（3）作业时，空气室中的药液超过安全水位时，应立即停止压动摇杆，以免气室爆裂。

（4）压缩喷雾器作业时，加药液不能超过规定的水位线，保证有足够的空间储存压缩空气。以便使喷雾压力稳定、均匀。

（5）没有安全阀的压缩喷雾器，一定要按产品使用说明书上规定的打气次数打气（一般30～40次），禁止加长杠杆打气和两人合力打气，以免药液桶超压爆裂。压缩喷雾器使用过程中，药箱内压力会不断下降，当喷雾化质量下降时，要暂停喷雾，重新打气充压，以保证良好的物化质量。

（6）不同的作物、病虫草害和农药选用正确的施药方法。

①土壤处理喷洒除草剂。土壤喷洒除草剂的施药质量要求：a. 易于飘失的小雾滴要少，避免除草剂雾滴飘移引起的作物药害；b. 药剂在田间沉积分布均匀，保证防治效果，避免局部地区药量过大造成的除草剂药害。应此，除草剂喷洒应采用扇形雾喷头，操作时喷头离地高度、行走速度和路线应保持一致；也可用安装二喷头、三喷头的小喷杆喷雾。

②当用手动喷雾器喷雾防治作物病虫害时，最好选用小喷片，切不可用钉子人为把喷头冲大。这是因为小喷片喷头产生的农药雾滴较粗，大喷片的雾滴细，对病虫害防治效果好。

③使用手动喷雾器喷洒触杀性杀虫剂防治栖息在作物叶背的害虫（如棉花苗蚜），应把喷头朝上，采用叶背定向法喷雾。

④使用喷雾器喷洒保护性杀菌剂，应在植物未被病原菌侵染初期施药，要求雾滴在植物靶标上沉积分布均匀，并有一定雾滴覆盖密度。

⑤使用手动喷雾器行间喷洒除草剂时，一定要配置喷头防护罩，防止雾滴飘移造成的临近作物药害；喷洒时喷头高度保持一致，力求药剂沉积分布均匀，不得重喷和漏喷。

⑥几架药械同时喷洒时，应采用梯形前进，下风侧的先喷，以免人体接触药液。

三、施药后的技术规范

（一）机具作业后的保养

喷雾器每天使用结束后，应倒出桶内残余药液，加入少量清水继续喷洒干净，并用清水清洗各部分，然后打开开关，置于室内通风干燥处存放。

铁制桶身的喷雾器，用清水清洗完后，应擦干桶内积水，然后打开开关，倒挂于室内干燥阴凉处存放。

喷洒除草剂后，必须将喷雾器彻底清洗干净，以免喷洒其他农药时对作物产生药害。

凡活动部件及非塑料接头处应涂黄油防锈。

（二）残液的处理

喷洒农药的残液或清洗药械的污水，应选择安全地点妥善处理，不准随地泼洒，防止污染环境。

第二节　手动喷粉器施药技术规范

手动喷粉器是一种由人力驱动风机产生气流来喷洒粉剂的植保机具。它具有结构简单、操作方便、功效比手动喷粉器高等优点。但由于粉尘飘扬污染环境，所以它只能在某些特定环境条件下才能取得很好的效果，也不会对大气造成明显的污染，如在保护地和温室大棚等特定的封闭空间里使用；在某些大田农作物，特别是双子叶作物如棉花的生长中后期，田间枝叶交叉，叶片大而呈平展状态，全田已经封垄，株冠下层是较为郁闭的空间时使用。

一、施药前的准备工作

（一）施药的气象条件

保护地喷洒应在早晚尚未揭晓和傍晚刚刚闭棚时进行。为提高粉粒的附着率，晴天的中午应避免喷洒，阴雨天则可全天喷洒。

在野外对棉花、水稻、小麦及大豆等作物进行喷洒，也应避免在晴天的中午喷洒，气温在 5 ~ 30℃或阴天可全天喷洒。风速大于 2 m/s 及小雨以上的风雨天气不得喷洒。

（二）喷粉量的计算和调整

1. 测试区的划定

在需要喷药的田块、保护地或在类似的土壤和地形条件下，划出测试区，其长度精确到 0.1 m，测试区的长度根据前进速度、喷幅及喷粉量来确定，应保证无论使用何种测试方法都能精确地计量时间（不少于 15 s）和喷粉量（不少于药液箱容量的 10%）。使喷洒面积是 0.1 亩的倍数有助于计算。

2. 喷粉量的调查

计算的喷粉量误差率应不大于 ±10%。如果计算的喷粉量误差率超过 ±10%，在作业时则应把喷粉器的喷粉量开关适当调整，并可调整作业速度或手柄摇转速度来满足规定的施药量要求。

（三）机具的调整

（1）装粉前喷粉器各部位应干燥，无水滴、水雾等水痕迹。

（2）装粉前先关闭出粉开关，以免药粉直接漏入风机内部，形成积粉使风机转不动。

（3）按农艺要求的喷粉量调节好出粉开关位置（一般 200 g/min 左右）。

（4）根据喷洒对象和栽培技术确定用何种喷洒头。

二、施药中的技术规范

（1）喷粉量的确定应按照药粉标签或使用说明书的规定进行。通常可直接将药粉装入药箱，无需再进行任何配兑。

（2）操作前先根据操作者身材调节好背带长度，操作时应先摇动手柄再打开粉门开关。

（3）操作时手柄摇转的速度应确保喷口风速不小于 10 m/s（丰收 -5 型、LY-4 型不低于 35 r/min，3WL-12 型、丰收 -10 型不低于 50 r/min）。

（4）保护地喷洒粉剂的关键是采用对空喷洒法，利用粉剂的飘翔效应使其在靶标的不同部位均匀沉积。作业时切不可直接对着作物喷洒。对于不同的大棚温室，可采用不同的喷洒方法。

日光温室、加温温室：宽度一般在 6 ~ 7 m，其间有一过道，操作者应背向北墙，从里端开始向南对空喷洒，一边喷一边向门口移动，一直退到门口，把门关上。塑料大棚宽度一般为 10 ~ 15 cm，中间有一过道，操作时操作者从棚室里端开始喷粉，喷粉管左右匀速摆动对空喷粉，同时沿过道以 10 ~ 12 m/min 的速度向后退行，一直退至出口处，把门关上即可。此时，如预定的粉剂尚未喷完，可将大棚一侧的棚布揭开一条缝，从考口处将余粉喷入。如余粉过多，可分别从不同部位喷入。

对小型弓棚可采用棚外喷粉法，此类棚宽 2 ~ 5 m 棚高只有 1 m 左右，棚内喷粉比较困难。操作者可在棚外每隔一定距离揭开一个小口向棚内喷粉，喷后将棚布拉上。

喷粉以后需经 2 h 以上才能揭棚，如果傍晚喷洒可到第二天早晨再揭。

（5）在野外喷洒时应首先根据风向和作物栽培方式确定喷粉行走方向和路线。行走方向一般应与风向垂直或顺风前进。如果需要逆风前进，要把喷粉管移动到人体后面或侧面喷洒，以免中毒。行走速度以正常步行（60 步 /min）一边行走，一边以每 2 步（或每一步）摇转一次喷粉器操作手柄进行喷洒。

（6）对棉花等双子叶作物的生长中后期喷粉时，宜采取株冠下层喷粉法。为避免喷粉时对棉株、棉铃造成机械损伤，应用立摇式手动喷粉器进行喷粉作业。喷粉头放在株冠下层，操作者边摇动手柄边匀速退行，利用株冠层良好的郁闭控制粉尘飘扬。

（7）喷洒中如药粉从喷粉头成堆落下或从桶身及出粉口开关处冒出，表明出粉开关开度过大，药粉进入风机过多，应立即关闭出粉口开关，适当加快摇转手柄，让风机内的积粉喷出，然后再重新调整出粉开关的开度。

（8）早晨露水未干时喷粉，应注意不让喷粉头沾着露水，以免阻碍出粉。

（9）作业时注意两个工作幅宽之间不能留有间隙。

（10）中途停止喷粉时，要先关闭出粉开关，再摇几下手柄，把风机内的药粉全部喷干净。

（11）喷粉时，如有不正常的碰击声，手柄摇不动或特别沉重时，应立即停止摇转手柄，要经检查修复后才能继续使用。

三、施药后的技术规范

（一）机具作业后的保养

（1）使用完后，应将剩余药粉全部倒出，清理干净，并空摇几转清除风机内的残粉，以免在喷粉器内受潮结块，堵塞通路，腐蚀机体。

（2）长时间不用，应由上至下给风机主轴加上适量的机油，以免受潮生锈，工作时影响风机转动。

第三节　背负式机动喷雾喷粉机施药技术规范

背负式机动喷雾喷粉机是指由汽油机作为动力，配有离心风机的采用气压输液、气力喷雾、气流输粉原理的植保机具，它具有轻便、灵活、高效率等特点。主要使用于大面积农林作物的病虫害防治、城市卫生防疫、防治家畜体外寄生虫和仓库害虫、喷洒颗粒肥料等。它可以进行低量喷雾、超低量喷雾、喷粉等项作业。

一、施药前的准备工作

（一）施药的气象条件

作业时气温应在 5 ~ 30℃，风速大于 2 m/s 及雨天、大雾或露水多时不得施药。大田作物进行超低量喷雾时，不能在晴天中午上升气流时进行。

（二）机具的调整

（1）检查各部件安装是否正确、牢固。

（2）新机具或维修后的机具，首先要排除缸体内封存的机油。排除方法：卸下火花塞，用左手拇指堵住火花塞孔，然后用起动绳拉几次，迫使气缸内机油从火花塞孔喷出，用干净布揩干火花塞孔腔及火花塞电极部分的机油。

（3）新机具或维修后更换过汽缸垫、活塞环及曲柄连杆总成的发动机，使用前应当进行磨合。磨合后用汽油对发动机进行一次全面清洗。

（4）检查压缩比：用手转动起动轮，活塞靠近上死点时有一定的压力；越过上死点时，曲轴能很快地自动转过一个角度。

（5）检查火花塞跳火情况：将高压线端距曲轴箱体 3 ~ 5 mm，再用手转动起动轮，检查有无火花出现，一般蓝火花为正常。

（6）汽油机转速的调整：机具经拆装或维修后，需重新调整汽油机转速。

油门为硬连接的汽油机：起动背负机，低速运转 2 ~ 3 min，逐渐提升油门操纵杆至上限位置。若转速过高，旋松油门拉杆上的螺母，拧紧拉杆下面的螺母；若转速过低，则反向调整。

油门为软连接的汽油机：当油门操纵杆置于调量壳上端位置，汽油机仍达不到标定转速或超过标定转速时，应松开锁紧螺母，向下（或向上）旋调整螺母，则转速下降（上升）。调整完毕，拧紧锁紧螺母。

（7）粉门的调整：当粉门操纵手柄处于最低位置，粉门仍关不严，有漏粉现象时，应用手扳动粉门轴摇臂，使粉门挡粉板与粉门体内壁贴实，再调整粉门拉杆长度。

（8）根据作业（喷雾、喷粉、超低量喷雾）的需要，按照使用说明书上的步骤装上对应的喷射部件及附件。

（9）本机型采用汽油和机油的混合油作为燃油，混合比为 20 ∶ 1。汽油用

70号以上，机油用汽油机机油。

（三）作业参数的计算

背负机先在地面上按使用说明书的要求启动，低速运转2～3 min，然后背上背，用清水试喷，检查各处有无渗漏。并按规定的方法测出背负机的流量Q及有效射程B。计算出行走速度V。

二、施药中的技术规范

（一）低容量喷雾作业的技术规范

喷雾机作低容量喷雾，宜采用针对性喷雾和飘移喷雾相结合的方式施药。总的来说是对着作物喷，但不可近距离对着某株作物喷雾。具体操作过程如下：

（1）机器启动前药液开关应停在半闭位置。调整油门开关使汽油机高速稳定运转，开启手把开关后，人员立即按预定速度和路线前进，严禁停留在一处喷洒，以防引起药害。

（2）行走路线的确定：喷药时行走要匀速，不能忽快忽慢，防止重喷漏喷。行走路线根据风向而定，走向应与风向垂直或成不小于45°的夹角，操作者应在上风向，喷射部位应在下风向。

（3）喷施时应采用侧向喷洒，即喷药人员背机前进时，手提喷管向一侧喷洒，一个喷幅接一个喷幅，向上风方向移动，使喷幅之间相连接区段的雾滴沉积有一定程度的重叠。操作时还应将喷口稍微向上仰起，并离开作物20～30 cm高，2 cm左右远。

（4）当喷完第一喷幅时，先关闭药液开关，减小油门，向上风向移动，行至第二喷幅时再加大油门，打开药液开关继续喷药。

（5）防治棉花伏蚜，应根据棉花长势、结构，分别采取隔二行喷三行或隔三行喷四行的方式喷洒。一般在棉株高0.7 m以下时采用隔三喷四，高于0.7 m时采用隔二喷三，这样有效喷幅为2.1～2.8 m。喷洒时把弯管向下，对着棉株中、上部喷，借助风机产生的风力把棉叶吹翻，以提高防治叶背面蚜虫的效果。走一步就左右摆动喷管一次，使喷出的雾滴呈多次扇形累积沉积，提高雾滴覆盖均匀度。

（6）对灌木林丛，如对矮化密植的红枣喷药，可把喷管的弯管口朝下，防止雾滴向上飞散。

（7）对较高的果树和其他林木喷药，可把弯管口朝上，使喷管与地保持 60° ~ 70° 的夹角，利用田间有上升气流时喷洒。

（8）喷雾时雾滴直径为 125 μm，不易观察到雾滴，一般情况下，作物枝叶只要被喷管吹动，雾滴就达到了。

（9）调整施液量除用行进速度来调节外，转动药液开关角度或选用不同的喷量档位也可调节喷量大小。

（二）喷粉作业的技术规范

（1）按使用说明书的要求起动背负机。

（2）粉剂应干燥，不得有杂草、杂物和结块。

（3）背负机背上后，调整油门使汽油机高速稳定运转。

（4）打开粉门操作手柄进行喷粉，喷粉时注意调节粉门开度控制喷粉量。

（5）大田喷粉时，走向最好与风向垂直，喷粉方向与风向一致或稍有夹角并保持喷粉头处于人体下风侧。应从下风向开始喷。

（6）在林区喷粉时注意利用地形和风向，晚间利用作物表面露水进行喷粉较好。但要防止喷粉口接触露水。

（7）保护地温室喷粉时可采用退行对空喷洒法，当粉剂粒度很细时（≤ 5 μm），可站在棚室门口向里、向上喷洒。

（8）使用长薄膜管喷粉时，薄膜管上的小孔应向下或稍向后倾斜，薄膜管离地 1 m 左右。操作时需两人平行前进，保持速度一致并保持薄膜管有一定的紧度。前进中应随时抖动薄膜管。

（9）作物苗期不宜采用喷粉法。

（三）超低量喷雾作业的技术规范

（1）按使用说明书的要求启动背负机。

（2）严格按要求的喷量、喷幅和行走速度操作。

在决定了每亩施药液量以后，为保证药效，要调整好喷量、有效喷幅和步行速度三者之间的关系。其中有效喷幅与药效关系最密切，一般来说，有效喷幅小，喷出来的雾滴重叠累积比较多，分布比较均匀，药效更有保证。有效喷幅的大小要考虑风速的限制（表 8-1），还要考虑害虫的习性和作物结构状态。对钻蛀性害虫，要求雾滴分布愈均匀愈好，也就是要求有效喷幅窄一些好。例如防治棉铃虫，要使平展的棉叶上降落雾滴多而均匀，应要求风小一些，有效喷幅窄一些，多采取 8 ~ 10 m 喷幅。对活动性强的咀嚼口器害虫如蝗虫等，就可在风速许可范围内尽可能加宽有效喷幅。例如，在沿海地区防治蝗虫时，在 2 m/s 以上风速情况下，喷头离地面 1 m，有效喷幅可取 20 m。如要求每亩喷施药液量为 90 mL，流量开关可用 3 档（流量为 3 mL/s），所计算的步行速度应为 1.1 m/s。

表 8-1　背负型机动喷雾机进行超低量喷雾时有不同风速下（顺风）的有效喷幅

风速 /（m/s）	有效喷幅 / m	备注
0.5 ~ 1.0	8 ~ 10	1 级风
1.0 ~ 2.0	10 ~ 15	1 ~ 2 级风
2.0 ~ 4.0	15 ~ 20	2 ~ 3 级风

（3）对大田作物喷药时，操作者手持喷管向下风侧喷雾，弯管向下，使喷头保持水平或有 5° ~ 15° 仰角（仰角大小根据风速而定：风速大，仰角小些或呈水平；风速小，仰角大些），喷头离作物顶端高出 0.5 m。

（4）行走路线根据风向而定，走向最好与风向垂直，喷向与风向一致或稍有夹角，从下风向的第一个喷幅的一端开始喷洒。

（5）第一喷幅喷完时，立即关闭手把开关，降低油门，汽油机低速运转。人向上风方向行走，当快到第二喷幅时，加大油门，使汽油机达到额定转速。到第二喷幅处，将喷头调转 180°，仍指向下风方向，打开开关后立即向前行走喷洒。

（6）停机时，先关闭药液开关，再关小油门，让机器低速运转 3 ~ 5 min 再关闭油门。切忌突然停机。

（7）高毒农药不能作超低量喷雾。

三、施药后的技术规范

机具作业后的保养：

（1）喷雾机每天使用结束后，应倒出箱内残余药液或粉剂。

（2）清除机器各处的灰尘、油污、药迹，并用清水清洗药箱和其他与药剂接触的塑料件、橡胶件。

（3）喷粉时，每天要清洗化油器和空气滤清器。

（4）长薄膜管内不得存粉，拆卸之前空机运转 1 ~ 2 min，将长薄膜管内的残粉吹净。

（5）检查各螺丝、螺母有无松动、工具是否齐全。

（6）保养后的背负机应放在干燥通风的室内，切勿靠近火源，避免与农药等腐蚀性物质放在一起。长期保存时还要按汽油机使用说明书的要求保养汽油机；对可能锈蚀的零件要涂上防锈黄油。

第四节　喷射式机动喷雾机施药技术规范

喷射式机动喷雾机是指由发动机带动液泵产生高压，用喷枪进行宽幅远射程喷雾的机动喷雾机。喷射式机动喷雾机具有工作压力高、喷雾幅宽、工作效率高、劳动强度低等优点，是一种主要用于水稻大、中、小不同田块病虫害防治的机具，也可用于供水方便的大田作物、果园和园林病虫害的防治。

一、施药前的准备工作

（一）施药的气象条件

喷洒作业时风速应低于 2.2 m/s，以避免飘移污染。气温应低于 32℃，以防药液蒸发造成人身中毒和环境污染。晴天应在早晨、傍晚时间喷雾，阴天可全天喷雾，应避免在降雨时喷雾，以保证良好防效。

（二）机具的选用

（1）根据不同作物、不同种植规模确定适用机型，见表 8-2。

（2）水稻、小麦、棉花、蔬菜等大面积低矮作物，选用宽幅远射程组合喷枪，沿射程均匀喷雾；果树、园林选用远射程喷枪或可调喷枪，中、下部采用近雾喷洒，树冠采用高射程喷洒。

（3）对于水稻和邻近水源的高大作物、树木，可使用混药器，自动混药喷洒；离水源较远且施药量较少的作物，可不安装混药器。

（4）在田间吸水时，选用吸水滤网上有插杆的吸水部件；自药箱吸水时，选用不带插杆的吸水部件。

表 8-2　不同作物不同种植规模的适用机型

机型	适用规模
便携式	适用于分散小田块，南方丘陵水稻梯田等，田块宽度 <10m
担架式	适用于一般成片水、旱田、果园菜地等，田块宽 10 ~ 20m
车载式	适用于具有一定种植规模条田化的大片水、旱田，田宽 20 ~ 40m

（三）机具调整

（1）检查机具安装是否正确，动力皮带轮和液泵皮带轮要对齐，螺栓紧固，皮带松紧适度，皮带轮运转灵活，并安装好防护罩，调整机具至符合作业状态。

（2）按照说明书中的规定给液泵曲轴加入润滑油至规定油位，便携式、担架式喷雾机还要检查汽油机或柴油机的油位，若不足则按照说明书规定牌号补充。

（3）检查吸水滤网。滤网必须沉没于水中；在稻田使用时，将吸水滤网插入田边的浅水层（不少于 5 cm 深）里，滤网底的圆弧部分沉入泥土，让水顺利通过滤网吸入水泵。田边有水渠供水时，则将吸水滤网放入深水中即可。在旱田、果园使用时，可将吸水滤网底部的插杆卸掉，将吸水滤网放在药箱里。

（4）启动前将调压阀的调压轮按逆时针方向调节到较低的压力位置，再把调压手柄置于卸压位置。

（5）启动发动机进行试运转；低速运转 10 ~ 15 min，若见有水喷出，并无异常声音，可逐渐提速至泵的额定转速。然后将调压手柄置于加压位置，按顺时针方向慢慢旋转调压轮加压，至压力指示器指示到额定工作压力为止；用清水进行试喷，观察各接头处有无泄漏现象，喷雾状况是否良好。

（6）车载式喷雾机与拖拉机的连接应安全可靠，所有连接点应有安全销。车载悬挂式喷雾机与拖拉机连接后，应调节上拉杆长度，使喷雾机在工作时处于垂直状态；车载牵引式喷雾机与拖拉机连接前应调节牵引杆长度，以保证机组转弯时不会损坏机具。

（7）使用混药器喷药前，应先用清水试喷，将混药器调节至正常工作状态，然后根据所需施药量和农药配比，计算确定母液稀释倍数，将符合母液稀释倍数的农药与水放入母液桶内充分混合、稀释完全。对于粉剂，母液的稀释倍数不能大于 1 : 4（即粉剂农药的加水量需＞ 4 kg）。

（四）作业参数计算

（1）按规定的方法测出喷雾机的流量 Q 及有效射程 B。计算出行走速度 V。

若计算的行走速度过高或过低，实际作业有困难，在保证药效前提下，可适当改变药液浓度，以改变施液量，调整作业速度。

（2）根据使用的不同喷枪确定作业路线。使用宽幅远射程喷枪，沿田埂直线匀速行走；使用远射程喷枪或可调喷枪持喷枪作“Z”形摆动喷雾，以保证喷雾均匀。

（3）使用混药器时，母液稀释倍数的确定。

确定母液稀释倍数有两种方法：查表法和测算法。

a. 查表法：目前使用的混药器有进口混药器和出口混药器两种，但规格较多，每种混药器都具有不同的工作特性，主要反映在吸药量不同和通过混药器压力损失不同。因此，需根据各种混药器产品出厂时提供的喷出药液浓度与母液稀释浓度的关系表进行母液稀释。以下是目前使用最多的工农 36 机型混药器药液浓度与母液稀释浓度关系表，见表 8-3。

表 8-3　喷出药液浓度与母液稀释浓度的关系

喷枪排液稀释倍数	母液稀释倍数 1 : m		喷枪排液稀释倍数	母液稀释倍数 1 : m	
	小孔	大孔		小孔	大孔
1 : 80	1 : 4	1 : 6.5	1 : 500	1 : 31	1 : 47
1 : 100	1 : 5.5	1 : 8.5	1 : 600	1 : 38	1 : 57
1 : 120	1 : 6.5	1 : 10.5	1 : 800	1 : 51	1 : 76
1 : 160	1 : 9.5	1 : 14.5	1 : 1 000	1 : 64	1 : 96
1 : 200	1 : 12	1 : 18.5	1 : 1 200	1 : 77	1 : 115
1 : 250	1 : 15	1 : 23	1 : 1 600	1 : 100	1 : 155
1 : 300	1 : 18	1 : 28	1 : 2 000	1 : 130	1 : 190
1 : 350	1 : 22	1 : 33	1 : 2 500	1 : 160	
1 : 400	1 : 25	1 : 38	1 : 3 000	1 : 190	

查表方法为：确定好需要喷射药液的稀释倍数，查找表中“喷枪排液稀释倍数”栏内相同的稀释倍数，再根据所选定的混药器吸液口孔径，找到相应的“小孔”或“大孔”栏内的母液稀释倍数，即为所需的母液中原药、原液的稀释倍数。

用查表法求得的 m 值还应进行校核才能使用，校核公式为：

$$C=\frac{Q-B\times\frac{1}{1+m}}{B\times\frac{1}{1+m}}$$

式中：Q—喷枪的喷量，kg/min。按 JB/T 9782 的有关规定测定。

B—在测 Q 值同时混药器的吸液流量，kg/min。

C—实际喷雾药液的稀释倍数。

根据校核结果，可适当调整母液浓度，得到要求的施液浓度。

b. 测算法：计算公式如下：

$$m=\frac{BC}{Q}-1$$

二、施药中的技术规范

（1）启动发动机，调节泵的转速、工作压力至额定工况。

（2）操作人员手持喷枪根据已定作业参数喷雾，手与喷枪出口距离应在 10 cm 以上，以免接触农药。

（3）喷药时喷枪的操作应保证喷洒均匀、不漏喷、不重喷，喷射雾流面与作物顶面应保持一定距离，一般高 0.5 m 左右，喷枪应与水平面保持 5° ~ 15° 仰角，不可直接对准作物喷射，以免损伤作物。向上喷射高树时，操作人员应站在树冠外，向上斜喷。

（4）喷药时操作人员拉喷雾软管沿田埂移动，避免损伤作物。

（5）当喷枪停止喷雾时，必须在液泵压力降低后（可用调压手柄卸压），才可关闭截止阀，以免损坏机具。

（6）作业时应经常察看雾形是否正常，如有异常现象，应立即停机，排除故障后再作业。

（7）使用混药器时，应待机具达到额定工况后，再将混药器的吸药头插入已稀释的母液桶中，当一次喷洒完成后立即将吸药头取出，避免药液损失。

（8）注意使用中液泵不能脱水运转，以免造成喷雾不均匀或漏喷。

（9）机具转移作业地点时应停机，将喷雾胶管盘卷在卷管机上，按不同机型的转移方式进行转移。

（10）当液泵为活塞泵、活塞隔膜泵且转移距离不长时（时间不超过 15 min）可不停机转移，操作方法如下：

①降低发动机转速，怠速运转；

②把调压阀的调压手柄置于卸压位置，关闭截止阀，然后将吸水滤网从水中取出。这样有少量液体在泵体内循环，不致损坏液泵；

③尽快转移机具，将吸水滤网没入水中；

④开通截止阀，将调压手柄置于加压位置，把发动机转速调至额定速度。

（11）每次开机或停机前，应将调压手柄放在卸压位置。

三、施药后的技术规范

（1）作业完成后，应在使用压力下用清水继续喷射 2 ~ 5 min，清洗液泵和胶管内的残留药液，防止残留药液腐蚀机件。

（2）卸下吸水滤网和喷雾胶管，打开出水开关，卸去泵的工作压力，用手旋转发动机或液泵，尽量排尽液泵内存水，擦净机组外表污迹。

（3）按使用说明书要求，定期更换液泵曲轴箱内。发现有因油封或（隔膜泵）膜片等损坏，曲轴箱进入水或药液，应及时更换损坏零件，同时将曲轴箱用柴油清洗干净，再更换全部机油。

（4）当防治季节完毕，机具长期存放时，应严格清除泵内积水，防止冬季冻坏机件。

（5）卸下三角带、喷枪、喷雾胶管、喷杆、混药器、吸水滤网等，清洗干净并晾干，有条件可悬挂起来存放。

（6）活塞隔膜泵长期存放时，应将泵内机油放净，用柴油清洗干净，然后取下泵的隔膜和空气室隔膜，清洗干净，放置阴凉通风处，防止腐蚀和老化。

（7）长期存放时，应将机具放在干燥通风处，避免露天存放或与农药、酸、碱等腐蚀性物质放在一起。

第五节　喷杆喷雾机施药技术规范

喷杆式喷雾机是指由拖拉机驱动并装有喷杆的液力式喷雾机。该类机具生产率高、喷洒质量好，是一种比较理想的大田作物用植保机具。广泛用于大豆、小麦、玉米和棉花等农作物的播前、苗前土壤处理、作物生长前期除草及病虫害防治。

一、施药前准备工作

（一）施药的气象条件

（1）喷除草剂风速应低于 2 m/s；喷杀虫剂、杀菌剂风速应低于 4 m/s；风速应大于 4 m/s 时不得进行施药作业。

（2）喷洒作业时气温应低于 30℃，以防药液蒸发造成人身中毒和环境污染。

（3）晴天应在早、晚时间喷雾，阴天可全天喷雾，避免在降雨时进行喷洒作业，以保证良好的防效。

（二）机具选配

（1）根据不同作物、不同生长期选择适用机型，见表 8-4。

表 8-4　不同作物不同生长期的适用机型

机型	适用作物	生长期
横喷杆式	小麦、棉花、大豆、玉米等旱田作物	播前、播后苗前的全面喷雾、作物生长前期的除草及病虫害防治
吊杆式	棉花、玉米等	作物生长中后期的病虫害防治
气流辅助式	棉花、玉米、小麦、大豆等旱田作物	作物生长中后期的病虫害防治、生物调节剂的喷洒等

（2）作物中后期喷雾应配高地隙拖拉机。

（3）喷幅大于 10 m（含 10 m）的喷杆喷雾机应带有仿形平衡机构。

（4）喷除草剂的喷头应配有防滴阀。

（三）机具准备与调整

（1）喷杆式喷雾机与拖拉机的连接应安全可靠，所有连接点应有安全销。悬挂式喷雾机与拖拉机连接后，应调节上拉杆长度，使喷雾机在工作时雾流处于垂直状态；牵引式喷雾机与拖拉机连接前应调节牵引杆长度，以保证机组转弯时不会损坏机具。

（2）喷头的选用和安装。横喷杆式喷雾机喷洒除草剂作土壤处理时，应选用 110 系列狭缝式刚玉瓷喷头。喷头的安装应使其狭缝与喷杆倾斜 5° ~ 10°；喷杆上喷头间距为 0.5 m。如选用不同喷雾角度的扇形雾喷头或喷头间距时，喷头离地高度应符合表 8-5 的规定。进行苗带喷雾时，应选用 60 系列狭缝式刚玉瓷喷头。喷头安装间距和作业时离地高度可按作物行距和高度来决定。表 8-6 给出了各种苗带宽度用不同喷头作业时喷头应离地的高度。

表 8-5　选用不同喷雾角的扇形雾喷头或喷头间距时喷头离地高度　　cm

喷头喷雾角	喷头间距	喷头离地高度
65°	46	51
	50	56
	60	66
	75	83

续表 8-5

喷头喷雾角	喷头间距	喷头离地高度
85°	46	38
	50	46
	60	50
	75	63
110°	46	45
	50	50
	60	56
	75	86

表 8-6　苗带喷雾时各种苗带宽度用不同喷头作业时喷头应离地的高度　　cm

苗带宽度	喷头喷雾角度	
	60°	80°
20	18	13
25	22	15
30	26	18
35	31	20

表 8-7 是各种扇形雾喷头离地不同高度时的喷幅，如喷雾机喷洒除草剂作土壤处理时，应使相邻的两个喷头的扇形雾面相互重叠 1/4，以保证喷洒的均匀性。

吊杆式喷杆喷雾机喷杀虫剂、杀菌剂和生长调节剂时，应选用空心圆锥雾喷头。安装喷头时，应根据作物的行距，并在植株的顶部安装一只喷头自上而下喷；在吊杆上根据植株情况安装若干个喷头自下而上喷，以形成立体喷雾。

气力辅助式喷杆喷雾机可选用空心圆锥雾喷头或狭缝式刚玉瓷喷头，喷头的安装位置根据作物的具体情况和气力输送机构的情况确定。各种苗带宽度用不同喷头作业时喷头应离地的高度。

（3）喷雾机至少应有三级过滤。即加水口过滤（有自动加水功能的机具应有吸水头过滤）；喷雾主管路过滤；喷头过滤。各过滤网的孔径应逐级变细，喷头处的滤网孔径不得大于喷孔直径的 1/2。

表 8-7　各种扇形雾喷头离地不同高度时的喷幅　cm

喷头高度 /cm	喷头喷雾角度			
	65°	73°	80°	150°
15	19.1	22.2	25.2	112
20	25.5	29.6	33.6	149
25	31.9	37	42	187
30	38.2	44.4	50.3	224
40	51	59.2	67.1	299
50	63.7	74	83.9	373
60	76.4	88.8	101	448
70	89.2	104	117	522
80	102	118	134	597
90	115	133	151	672
100	127	148	168	746

（4）按使用说明书要求做好机具的其他准备工作。如液泵及各运动件加注机油、黄油；对轮胎充气等。

（5）按规定的要求对机器进行试运转。

（四）拖拉机行走速度的计算

$$V = \frac{Q}{BP} \times 10^4$$

式中：V—拖拉机行走速度，m/s。

Q—喷雾机全部喷头的总流量，L/s。

B—喷杆喷雾机的喷幅，m。

P—农艺上要求的施液量，L/hm^2。

拖拉机轮胎的新旧程度、田间作业时土壤松紧度等因素均会影响车速。因此，施药前除了要计算拖拉机行走速度外，还要实测和校核拖拉机行走速度。一般采用百米测定法：在田间量出 100 m 距离，用秒表计时，拖拉机以计算的速度行走 100 m，记录所需时间，重复 3 次。如与计算值有差值，可通过增减油门或换档来调整速度。

（五）喷头流量校核

由于喷头磨损、制造误差等原因，会导致喷量不一致。因此，施药前应对每个喷头进行喷量测定和校核。测定时，药箱装清水，喷雾机以工作状况喷雾，待雾状稳定后，用量杯或其他容器在每个喷头处接水 1 min，重复 3 次，测出每个的喷量。如喷量误差超过 5%，应调换喷头后再测，直到所有喷头喷量误差小于 5% 为止。

二、施药中技术规范

（1）有自动加水功能的机具应先在药箱中加少量清水，再按使用说明书要求启动机器加水，与此同时将农药按一定比例倒入药箱（无自动加水功能的机具应先加水再加农药）。对于乳油和可湿性粉剂一类的农药，应事先在小容器内加水混合成乳剂或糊状物，然后倒入药箱。

（2）启动前，将液泵调压手柄按顺时针方向推至卸压位置，然后逐渐加大拖拉机油门至液泵额定转速，再将液泵调压手柄按逆时针方向推至加压位置，将泵压调至额定工作压力，打开截止阀开始工作。

（3）横喷杆式喷雾机和气流辅助式喷杆喷雾机除草剂，作土壤处理时，喷头离地高度为 0.5 m。喷杀虫剂、杀菌剂和生长调节剂时，喷头离作物高度 0.3 m。

（4）作业时驾驶员必须保持机具的速度和方向，不能忽快忽慢或偏离行走路线。一旦发现喷头堵塞、泄漏或其他故障应及时停机排除。

（5）无划行器的喷杆喷雾机喷除草剂时，应在田间设立喷幅标志。以免重喷或漏喷。

（6）停机时，应先将液泵调压手柄按顺时针方向推至卸压位置，然后关闭截止阀停机。

（7）田间转移时，应将喷杆折拢并固定好，切断输出轴动力。行进速度不宜太快，以免颠坏机具。悬挂式机具行进速度为≤ 12 km/h；牵引式机具行进速度为≤ 20 km/h。

三、施药后技术规范

（1）每班次作业后，应在田间用清水仔细清洗药箱、过滤器、喷头、液泵、管路等部件。清洗方法：药箱中加入少量清水，启动机具并喷完，反复 1 ~ 2 次。

（2）下一个班次如更换药剂或作物，应注意两种药剂是否会产生化学反应而影响药效或对另一种作物产生伤害。此时，可用浓碱水反复清洗多次（也可用大量清水冲洗后再用0.2%苏打水或0.1%活性炭悬浮液浸泡后），再用清水冲洗。

（3）泵的保养按使用说明书的要求进行。

（4）当防治季节过后，机具长期存放时，应彻底清洗机具并严格清除泵内及管道内的积水，防止冬季冻坏机件。

（5）拆下喷头清洗干净并用专用工具保存好，同时将喷杆上的喷头座孔封好，以防杂物、小虫进入。

（6）牵引式喷杆喷雾机应将轮胎充足气，并用垫木将轮子架空。

（7）将机具放在干燥通风机库内，避免露天存放或与农药、酸、碱等腐蚀性物质放在一起。

第六节　果园风送喷雾机施药技术规范

果园风送喷雾机是一种适用于较大面积果园喷药的大型机具。它具有喷雾质量好、用药省、用水少、生产率高等优点。但需要果树栽培技术与之配合，例如株行距及田间作业道的规划、树高的控制、树型的修剪与改造等。

一、施药前准备工作

1. 施药的气象条件

（1）气温大于32℃时，在酷暑天中午烈日下应尽量避免喷药。

（2）喷洒作业时风速应低于3.5 m/s（三级风），以避免飘移污染。

（3）应避免在降雨时进行喷洒作业，以保证良好防效。

2. 果树种植要求

（1）目前较广泛使用的果园风送喷雾机都配备轴流风机，适合用在生长高度5 m以下的乔砧果园和经改造的乔砧密植果园。

（2）被喷施的果树树型高矮应整齐一致，整枝修剪后，枝叶不过密，枝条排列开放，使药雾易于穿透整个株冠层，均匀沉积于各个部位。

（3）结果实枝条不要距地面太近；疏果时（如香梨等），最好不留丛果和双果。

（4）果树行距在修剪整枝后，应大于机具最宽处的1.5～2.5倍（矮化果树取小值，乔化果树取大值）。行间不能种植其他作物（绿肥等不怕压的作物除外）。

地头空地的宽度应大于或等于机组转弯半径。

（5）行间最好没有明沟灌溉系统。因隔行喷施时，将影响防治效果。

3. 机具准备与调试

（1）将牵引式果园喷雾机的挂钩挂在拖拉机牵引板上，插好销轴并穿上开口销，然后安装万向传动轴。

悬挂式果园喷雾机还要调整拖拉机上拉杆，使其处于平衡状态，紧固两侧链环，以防工作时喷雾机左右摆动。

（2）检查液泵和变速箱内的润滑油是否到油位；各黄油嘴处加注黄油；拖拉机、喷雾机轮胎充气；隔膜泵气室充气。

（3）药箱中装入 1/3 容量清水，在正常工作状态下喷雾。检查各部件工作是否正常，各连接部位有无漏液、漏油等现象。尤其要检查药液雾化性能、风机运转性能、搅拌器搅拌性能、管路控制系统等是否正常。易老化的橡胶密封件和塑料件是否要更换。

（4）喷头配置：根据果树生长情况和施药液量要求，选择喷头类型和型号。如将树高方向均分成上、中、下三部分，喷量的分体大体应是：1/5，3/5，1/5。如果树较高，喷雾机上方可安装窄喷雾角喷头以提高射程。

（5）喷量调整：根据喷量要求选择不同孔径、不同数量喷头。

（6）泵压调整：顺时针转动泵调压阀，使压力增大，反之压力减少。泵压一般控制在 1.0 ~ 1.5 MPa。

（7）喷幅调整：根据果树不同株高，利用系在风机上的绸布条观察风机的气流吹向，调整风机出风口处上、下挡风板的角度，使喷出雾流正好包容整棵果树。

（8）风量风速调整：当用于矮化果树和葡萄园喷雾时，仅需小风量低风速作业，此时降低发动机转速（适当减小油门）即可。

4. 作业参数计算

（1）喷雾机组行走速度计算：喷雾机组行走速度除与施药液量有关外，还要受风机风量的影响。风机气流必须能置换靶标体积内的全部空气。机组行走速度可由以下公式计算：

$$V=\frac{Q\times 10^3}{Bh}$$

式中：V—拖拉机行走速度，km/h；

Q—风机风量，m^3/h；

B—行距，m；

h—树高，m。

V值一般在 1.8～3.6 km/h（0.5～1 m/s），如计算的速度超此范围，可通过调整喷量（改变喷头数、喷孔大小等）方法来调节。

（2）作业路线的确定：作业时操作者应尽可能位于上风口，避免处于药液雾化区域。一般应从下风处向上风处行进作业。同时，机具应略偏向上风侧行进。

二、施药中的技术规范

（1）果园风送喷雾机作业属低容量喷雾，在减少施液量同时应保证施液量满足防治要求，所用农药配比浓度应比常量喷雾提高 2～8 倍。

推荐施液量是：果树枝叶茂盛时，每米树高为 600～800 L/hm^2。可根据季节、枝叶数量、防病或防虫、内吸药剂或保护药剂适当调节，保证树冠各部位枝叶、果实都能均匀接受到药雾，也无药液流失。

（2）将风机离合器处于分离状态，液泵调压阀处于卸荷状态，启动机具，往药箱中加水至一半时，液泵调压阀处于加压状态，打开搅拌管路，随即往药箱中加农药（有自动加水功能的机具可边加水边加农药）。满箱后，继续运转 10 min，让药液充分搅拌均匀。

（3）机组到地头后，选择好行走路线，结合风机离合器，打开截止阀进行喷雾作业。

（4）作业时应随时注意机组工作状态，如发现不正常声响和不正常现象，应立即停车，待查出原因并排除故障后再继续作业。

（5）每次开机或停机前，应将调压手柄放在卸压位置。

三、施药后技术规范

（1）每次作业完以后，应将残液倒出，并向药箱中加入 1/5 容量（至少不少于 100 L）的清水，以工况状态喷液，清洗输液管路剩余药液，检查各连接处是否有漏液、漏油，并及时排除。清洗后应将清洗水排尽，并将机具擦干。

（2）泵的保养按使用说明书要求进行，其余同喷杆喷雾机。

（3）当防治季节过后，机具长期存放时，应彻底清洗机具并严格清除泵内及管道内积水，防止冬季冻坏机件。

（4）拆下喷头清洗干净并用专用工具保存好，同时将喷杆上的喷头座孔封好，以防杂物、小虫进入。

（5）牵引式果园风送喷雾机应将轮胎充足气，并用垫木将轮子架空。

（6）应将机具放在干燥通风的机库内，避免露天存放或与农药、酸、碱等腐蚀性物质放在一起。

第七节　热烟雾机施药技术规范

热烟雾机是指主要利用热能将药液雾化成均匀、细小成烟状雾粒能在空间弥漫、扩散，呈悬浮状态，对杀灭飞行昆虫特别有效。在林业上主要用于森林、橡胶林、人工防护林的病虫害防治。在农业上适用于果园及温室的病虫害防治。

一、施药前准备工作

（一）施药的气象条件

有下列情况之一，热烟雾机不可作业：晴天的白天、风力≥ 3 级、下雨。

下列情况宜于热烟雾机作业：风力≤ 2 级时阴天的白天、夜晚，晴天的傍晚至次日日出前后，防治作业快要结束，所剩面积不大，开始下小雨，可继续将剩余面积防治完。因为烟雾剂是油剂，微小的雾粒在叶面上有较强的附着力，不会被小雨冲刷掉，对防治效果不会有影响。

（二）机具准备和调整

1. 装电池

把电池盒盖打开，装入电池，注意电池的正负级要与电池盒的正负级一致。电池盒盖要上紧。

2. 装油

脉冲式热烟雾机一般用 90 号普通汽油，切勿加机油！汽油必须过滤，加油时必须使用清洁的加油工具，加油不宜太满，加油后盖在要上紧。

3. 农药配制

农药选用应根据森林、果园、温室当时遭受病虫害的类型，由植保专业人员选用合适的农药，按照该农药说明书规定或植保专业人员确定每亩用药量。一般选用能在 0 号柴油中溶解的油剂型、乳剂型农药。

农药配制的施液量一般按 2.25 ~ 2.7 L/hm^2（树型高大选大值，反之选小值）配制，根据实际防治面积计算出农药和 0 号柴油的需要量，将计算好的农药、柴油倒入容器中，充分搅拌后，随即加入烟雾机药箱中。

搅拌时，尽量使用竹竿，若无竹竿可用木棍，勿用铁件搅拌，尤其不可用生锈的铁件搅拌，以防铁锈脱落沉入药液中，易造成过滤器堵塞。

在防治作业行将结束时，要十分注意配药勿过量，力求做到用多少配多少。

4. 加药液

加药液必须过滤，药液不宜太满，应在药箱内留出一定的充压空间。加药液后盖子一定要上紧。

（三）喷头的计算与选用

选择合适的喷头，首先要算出 1 min 防治的面积。

$$S_1 = VB \times 10^{-4}$$

式中：S_1—热烟雾机 1 min 防治面积，hm^2/min；

V—机手行走速度，一般为 42 ~ 60 m/s；

B—热烟雾机一次防治宽度。在果园和森林中一般是 10 ~ 20 m。这和树的高度有关，防治同一类森林、果园前，可试喷一两次，确定实际防治宽度或行数。

将已知数据代入上式，可求得热烟雾机 1 min 防治面积：

$S_1 = VB \times 10^{-4} = (42 \sim 60) \times (10 \sim 20) \times 10^{-4} = 0.042 \sim 0.12\ hm^2/min$

已知每亩施液量为 2.25 ~ 2.7 L/hm^2，求出 1 min 防治面积药液量：

$(2.25 \sim 2.7) \times (0.042 \sim 0.12) \times 1\ 000 = 94.5 \sim 324\ mL/min$

按此数值选用热烟雾机配备的喷量最接近的喷头。

二、施药中的技术规范

（一）启动机具

（1）要选择没有枯叶、细枝等易燃物的平整地方启动热烟雾机。

（2）先把油阀反时针旋转 1/2 ~ 1 圈，接通电路，用打气筒打气（也有机型是按几下气泵，自动通电、点火），把油压入油量调节阀喷油嘴并排除了油管中的气泡（可从透明油管观察到），关闭油阀，再连续打气（或按下气泵），当听到有间断爆鸣声时，将油门反时针旋转 1/2 ~ 1 圈，再打气（或按下气泵），即可起动。

（3）机具启动后，调整油门，使发动机声音正常，喷口出现 10 cm 左右的蓝色火苗（夜晚可见，白天看不见）并让它运行升温 1 ~ 2 min 后方可喷药。

（4）热烟雾机启动后，将机器背在身上或提在手上，打开药液阀，待药箱增压后即喷出烟雾。

（二）热烟雾机在森林、果园中施药技术规范

（1）在森林、果园中喷施热烟雾，一般选用向后喷的弯管型热烟雾机，只在森林中、特别高大的橡胶园才选用直管向上的热烟雾机。

（2）作业前，根据当时风向确定热烟雾机作业走向，一般是先喷下风方向，逐渐向上风方向移动。若风向正好是从下坡向山顶方向吹，则可沿高线方向行进。

（3）多台热烟雾机作大面积防治时，位于下风方向的一台要先走，第二、第三台依次出发，相邻两台的前后距离要控制在 10 m 以上，以防下风作业者受烟，确保下风作业者的安全。

（4）多台机在森林中作大面积防治时，在地块两端要各配信号员一人，引导机手按规定距离作业，以防重喷或漏喷。要求信号员必须熟悉山场地形。在夜间信号员用手电筒光线作信号，傍晚、清晨、阴天的白天用小红旗作信号。

（5）一片森林、果园防治到最后，剩下边缘不大的宽度时，热烟雾机的行走路线要离开边缘一定距离，以利于用烟雾弥漫到树冠。

（三）热烟雾机在温室内施药技术规范

（1）在塑料大棚中喷施热烟雾，一般选用手提式小型烟雾机，并配有室内专用微型药箱。微型药箱用透明或半透明工程塑料制成，可看清药箱中药液量。

（2）施药前要先检查大棚是否有破损、门能否关严，有破漏处要修补好，然后测量大棚内净面积，计算棚内所需药液量（包含有效成分和助剂）。

（3）塑料大棚长度一般是 50 ~ 60 m，在塑料大棚内可分成 3 点喷药，每点各喷 1/3 药量。若大棚较长，喷药点可相应增加。喷药前要先把喷药点的位置定好，做上标记。

（4）先在棚外起动热烟雾机，喷药顺序按 1、2、3 点依次进行，每喷完一点迅速退到下一点，喷完第 3 点后，立即退出，关好门，勿让烟雾漏出。长 50 ~ 60 m 的大棚，一般 1 min 即可喷完，10 min 内烟雾可弥漫棚内所有空间。

（5）在搭架或立体栽培的大棚中，要特别注意，喷药时勿让喷管和喷口靠近农作物，以防灼伤，也不可对着棚顶喷。作业时，机手走在中间的人行道上，一般将喷管保持水平状态。

（6）喷药后关门保持 1 h 以上，再开门通风。若是晚间作业，也可于次日早晨开门通风换气。

（四）停机

（1）如机具在运行中需停喷一小段时间（如地头转弯、转移），可以不关闭发动机，只需关闭药液阀即可。

（2）停机前，一定要先关闭药液阀再停机。

三、施药后的技术处理

（1）使用后要立即将残液倒出，并仔细将机身外部清洗干净。

（2）化油器内部要定期清洗，一般要求每使用 20 h 一次。

（3）用专用工具（积炭刮）刮除喷管内、烟化管内和药液喷嘴内的积炭

（4）防治季节过后，需将残留药液倒净，往药箱内注入 500 mL 0 号柴油，前后左右大幅度摇晃机身，将药箱内壁洗净，然后启动热烟雾机，将清洗后的柴油喷出，可将全部药液管路清洗干净，也可将喷头拆下，让废柴油流入塑料桶内，集中处理。

（5）如长期不用，必须把电池取出，以免损坏电池盒等。

（6）应将机具放在干燥通风的机库内，避免露天存放或与农药、酸、碱等腐蚀性物质放在一起。

第八节　常温烟雾机施药技术规范

常温烟雾机是利用压缩空气（或高速气流），在常温下使药液雾化成小于 20 μm 的烟雾的机具。主要用于农业保护地大棚温室内蔬菜、花卉等的病虫害防治，进行封闭性喷洒。

一、施药前准备工作

（一）施药的气象条件

防治作业以傍晚、日落前开始为宜，气温超过 32℃时不宜作业；有大风时应避免作业，防止室内空气流出、外界空气流入，确保防治效果。此外，因季节和气候关系，若室内不会形成高温状态（30℃以上），在白天也可施药。

（二）机具检查和调整

1. 空压机部分

常用压力为 1.0 ~ 1.6 MPa，指针摆动过大时旋紧表阀，以便保护压力表。压力偏低时，检查各连接处有无漏气，喷嘴帽有无松动，车架下部排放口是否开着。压力偏高时，检查喷嘴喷片、空气胶管是否有堵塞（略有升高并非故障）。注意空气压力不要用到 3 MPa 以上。

2. 空气胶管、连接线

把风机电源线、空气胶管接到空压机部分的插座和空气出口上，尤其连接线的插头，插入后要往右转动锁紧，以免机器运转时因振动而脱落。

3. 喷雾部分

风机电机和连接线的联结采用了防水插头和插口，要牢靠地插入往右转动锁紧。空气胶管也要连接牢固。

4. 喷量检查

按机具使用说明书检查调整喷量。常温烟雾机的喷量，一般农药为 50 mL/min 左右，喷量过少或过多都会影响防治效果。检查调整时使用清水试喷，同时检查各连接处、密封处有无渗漏现象。

（三）喷洒时间的计算

$$T = \frac{qAN}{Q}$$

式中：T—喷洒时间，min；

q—农艺上要求的农药制剂用量，mL/hm^2；

A—塑料大棚的面积，hm^2；

N—农药配制浓度。一般要求稀释比例不小于 15 倍，农药为液剂时，用体积比；农药为粉剂时，用重量比；

Q—机具喷量，mL/min；

E—棚室单位面积的施药量，mL/hm^2。一般 E = 3 000 ~ 6 000 mL/hm^2。

（四）棚室检查

检查塑料膜是否有破损、换气扇、出入口的缝隙和破损处必须在施药前修补、贴好。防止喷雾后烟雾从细缝、破洞处飘移逸出降低防效、造成污染。

（五）配制农药

本机使用高浓度药液，须特别小心。配药必须用清水桶、配药杯、量筒、搅拌棒、橡胶手套（防止农药沾手）。先按棚室面积，确定清水用量，将其1/4～1/3放入配药杯，再将农药边搅拌边慢慢混入，将混合后的药液通过过滤器注入药箱，将余下清水放入配药杯，一边冲洗配药杯一边注入药箱，这时也必须通过过滤器。

二、施药中的技术规范

（1）空压机小车使用时放在棚外水平稳定的场所，不可雨淋。特别是控制系统和电源接头应避免与水汽接触。

（2）将喷射部件和升降部件置于棚室内中线处，离门5～8m，调好喷筒轴线与棚室中线平行。根据作物高低，调节喷口离地1m左右高度和2°～3°仰角。

（3）接通电源起动空气压缩机，先将药箱中的药液用压缩空气搅拌2～3 min，然后开始喷雾施药。喷出的雾不可直接喷到作物上或棚顶、棚壁上。在喷雾方向1～5 m处作物上应盖上塑料布，防止粗大雾滴落下时造成作物污染和药害。

（4）喷雾时操作者无须进入棚室，应在室外监视机具的作业情况，不可远离。发现故障应立即停机排除。

（5）严格按喷洒时间作业，到时关机。先关空压机，5 min后再关风机，最后关漏电开关。

（6）戴防护口罩、穿防护衣进棚取出喷射部件和升降部件。

（7）关好棚室门，密闭6 h以上才可开棚。

三、施药后的技术处理

（1）作业完将机具从棚内取出以后，先将吸液管拔离药箱，置于清水瓶内，用清水喷雾5 min，以冲洗喷头、管道。然后用拇指压住喷头孔，使高压气流反冲芯孔和吸液管，吹净水液。

（2）用专用容器收集残液，然后清洗药箱、喷嘴帽、吸水滤网、过滤盖。擦净（不可水洗）风筒内外面、风机罩、风机及其电机外表面、其他外表面的药迹、污垢。

（3）使用一段时间后，检查空压机油位是否够；清洗空气滤清器海绵。

（4）长期存放时，应更换空压机机油，清除缸体积炭，并全面清洗。

（5）应将机具放在干燥通风的机库内，避免露天存放或与农药、酸、碱等腐蚀性物质放在一起。

第九节　植保无人机作业技术规范

一、作业前的准备

作业之前需要明确所要执行的植保业务量，并且做好相应的物资以及人员准备，对现有设备进行检查与确认，确认能够顺利执行植保任务。

1. 确定任务量及设备

以植保作业面积来准备相应的植保无人机设备，例如作业面积 2 500 亩（平原地形），如要求 3 天完成，则无人机需要每天作业 833 亩。而植保团队植保无人机作业效率为 300 亩 / 天，需要准备 3 台植保无人机，考虑到设备的冗余性还可以准备一台备用机。

2. 设备以及人员准备

（1）电池：每机建议配置 6 ~ 8 组，数量过少有可能导致电池保障不足或电池高温充电损害电池使用寿命。

（2）配件：例如螺旋桨、电调等配件。

（3）维修工具：虎钳、内六角套装、剪刀、牙刷等工具（牙刷主要用来排除喷头堵塞，喷嘴配件可以在故障无法排除时更换喷嘴）。

（4）通信工具：对讲机一定要使用合格产品，否则因产品质量低劣造成作业摔机将得不偿失。

（5）配药工具：

大桶：配置农药的容器，要带有刻度。

母液桶：配置母液的容器，配好后倒入大桶。

小桶：10 L 装小桶，配好的药液装入小桶，随时备用。

漏斗：（带滤网）以及水瓢药液倒入小桶时方便倒入及过滤用。

（6）防护设备：眼镜、口罩、工作服、遮阳帽、手套。

注意：一定要建立点检表，避免忘带设备。

（7）转场设备：

整机箱：运输时装入，防撞、隔绝气味。电池箱：收纳、防撞、防自燃扩散。

（8）发电机：

部分作业地区远离居民区，或者无电网覆盖，必须由发电机来提供电源。发电机发电功率相对于充电器用电功率必须有一定量的冗余，以使发电机在良好状态下工作。例如如果充电器输出功率为 2 400 W，尽量选用 3 000 W 的发电机进行使用。

（9）人员准备：

一台电动多旋翼植保机需要 1 名飞手、1 名观察员、1 名地勤。不同的作业模式与分工存在不同的情况，但总体在 2 ~ 3 人。

飞手：主要的植保机操作人员。

观察员：B 点观察人员。

地勤：作业保障人员，包括配药、加药、充电等工作。

3. 药剂准备

如果是由植保队提供农药，则需在出发之前根据作业量准备相应的农药。如果是用户自备农药，则需事先沟通，请用户准备飞防适合的水基化药剂，如水乳剂、微乳剂、悬浮剂、水剂等。如果沟通不当或者缺乏沟通，用户准备的都是粉剂或者是可湿性粉剂，将有可能作业效率下降甚至无法完成任务。

注意：不使用高毒农药、不使用无标签农药、不使用三证不齐农药。

4. 环境勘察

植保作业前的环境勘察极为重要，只有对作业环境做到心中有数，才能在后面的航线规划不犯低级错误，降低飞行事故率。

（1）作业地块树木及建筑物。要注意作业区域内是否有无树木、插入田内的枝条等，在航线规划时必须将障碍物因素考虑在内。

（2）斜拉索以及电线杆。密集的电线以及斜拉索是对植保无人机作业安全造成较大威胁的项目之一，在作业前一定要对作业环境中存在的电线以及斜拉索仔细观察，了解其所在位置，在作业时进行避让。而对于高压线，一定要保持安全距离，避免距离过近造成的电磁干扰以及严重的电击事故。

（3）地形起伏。地形的起伏会影响无人机的实际高度，所以在进行飞行前时应观察地形的变化，从作业的难易度以及作业效果角度来看平坦的地形都是最佳的选择，而在实际的农田作业过程中，实际上我们会遇到各种各样的地形，包括起伏、坑洞、凸起，这些因素会造成无人机高度变化、碰撞等各种风险，在农田作业过程中需要注意。另外，操作人员在作业过程中可能需要不断地移动位置以达到更好的作业效果，所以，一定要在作业前观察行进路线上的地形变化，避免出现在飞行过程中出现摔跤、滑倒等问题。

（4）周边地块敏感对象。植保作业具有漂移性，所以在作业前一定要了解临近地块特别是下风向地块的种植、养殖情况，如喷洒药物有可能对临近地块的鱼塘、蜜蜂、桑树、养殖场、种植作物产生危害时，一定要停止作业或者在风向改变后在进行作业。

（5）作业环境综合。

① 风速应尽量在 5 m/s 之内，晴天或者阴天。

② 气温在 20～30℃，高于 35℃应停止作业。

③ 内吸型农药施药后应保证 12h 内无降雨，一般化学农药应保证 24h，生物农药应保证 2～3 d 内无降雨。

④ 提前关注作业前后天气情况，并避免露水过重、雨天和暴晒天进行喷洒。

⑤ 周围无高大建筑物。

⑥ 作业区域都在可视范围内，远离人群、畜群。作业应远离高压线。

⑦ 作业区域及附近无高压线、通信基站或发射塔等电磁干扰因素。

⑧ 周围应无机场、军警单位或其他敏感区域。

（6）操作人员要求。植保无人机作业人员应养成并保持细心、注重细节、吃苦耐劳、注重检查的良好习惯，把每一次飞行都当成第一次飞行，小心谨慎地做好每一次起降。植保无人机作业人员应熟练掌握多旋翼无人机结构原理、飞控组成部分、动力系统构成、安全飞行知识、设备使用知识、植保作业常识、安全防护知识、常见的病虫草害、常见的农用药剂等基础知识。

要求操作人员：

① 开始作业飞行前应当完成的工作步骤，包括作业区的勘察。

② 按照农药包装及使用说明书，安全处理有毒药品的知识及要领和正确处理使用过的有毒药品容器的办法。

③ 作业完成后，在作业区域标注："已喷洒农药、进入或接触危险"等标志。农药与化学药品对植物、动物和人员的影响和作用，重点在计划运行中常用的药物以及使用有毒药品时应当采取的预防措施。

④ 作业中操作人员必须穿戴防护服、口罩、手套、雨鞋等保护装备。

⑤ 明确植保无人机的飞行性能和操作限制，严格按照无人机使用说明书进行飞行与操作。

⑥ 按照使用说明书进行安全飞行和完成作业程序。同时，作业人员还应该做到以下几点：时刻了解植保无人机的特性，不可将无人机飞行到人员上方，不可接近高速旋转中的无人机；飞行过程中应集中精力，请勿接打电话，请勿与周边人员闲聊；在飞行作业前 8 h 内禁止饮酒，禁止在醉酒情况下操作无人机；如因

病需要服用具有致幻、瞌睡等副作用的药物，在副作用未消除前，禁止操作无人机进行作业；应清楚无人机在空中停机所可能造成的后果，严禁空中停机操作。

5. 药剂调配

（1）农药用量的表示方法：克 / 公顷（g/hm^2）或者克 / 亩（g/ 亩），常用克 / 亩的表示。

【例】以作业亩为前提：

需作业 100 亩、5% 氯虫苯甲酰胺悬浮剂用量为 30 g/ 亩、假设每亩用药（混合液）量为 1L。

总用药（药剂）量：100 亩 ×30 g/ 亩 =3 000 g

总施药（混合液）量：100 亩 ×1 L/ 亩 =100 L

药液混合：3 000 g 药剂 +97 L 水，混合即可。

【例】以定额进行调配：

已知现有一个 50 L 的容器、5% 氯虫苯甲酰胺悬浮剂，亩用量为 30 g/ 亩。

假设每亩施药（混合液）量 1 L，50 L（混合液）可作业量为 50 L/（1 L/ 亩）=50 亩；50 亩用药（药剂）量为 50 亩 ×30 g/ 亩 =1 500 g，最后可知：50 L 混合液由 1 500 g 药剂 +48.5 L 水共同调配完成。

（2）调配用水选择与处理。避免用井水配置药液。井水含矿物质较多，特别是镁、铝等物质，这些矿物质与药液混合后容易产生沉淀而降低药效；如取水不易而使用带杂质的野外水，在配药之前需对水进行过滤，过滤可使用 100 目以上的过滤网进行。混合好的药液需进行过滤再倒入药箱。

（3）农药调配注意事项。

① 农药配制过程中，须注意安全，配戴手套、口罩等防护用具，谨防人体受损害。

② 配置人员应处于上风向，并且不能用手伸入药液中搅拌。

③ 酸性农药与碱性农药不可混配。

④ 药液配置应坚持现配现用，当天全部用完。

6. 植保机状态检查

作业之前一定要对植保机的状态进行确认，以保证作业顺利进行。

（1）摇杆模式确认。因为定义的不同，现在市场存在两种不同的摇杆模式，也就是美国手与日本手。在一个团队内应统一摇杆模式，以避免因摇杆模式错误而造成的摔机。

① 操作陌生设备之前，一定要确认摇杆模式。

② 更改摇杆模式之后，启动电机时应降低油门查看摇杆模式是否正确。

（2）磁罗盘注意事项。

① 磁罗盘易受干扰，请勿接近强磁性物质。例如在铁壳船上起飞与降落，或者是与铁塔过度靠近都具有故障风险。

② 植保机闲置时间过长，起飞前应校准磁罗盘。

例如，植保机闲置一个冬天后春天作业前一定要校准磁罗盘。

③ 植保机长距离迁徙时应校准磁罗盘。例如从山东到新疆作业，一定要校准磁罗盘。

（3）动力系统状态确认。

① 螺旋桨安装是否紧固。如螺旋桨安装不规范，易产生振动甚至机身晃动。

② 电机旋转是否顺畅。如果有杂音或者是旋转阻力过大，需考虑电机损坏应排除故障后方能起飞。

③ 电机动平衡是否良好，如果发现无人机明显振动过大（机臂摆动过大、喷头晃动），需更换电机。

（4）喷洒系统状态确认。

① 喷头喷洒是否正常，如堵塞需清洗过滤网与喷头，堵塞严重需更换。

② 水管有无破损、故障、起包，如存在问题需及时更换，避免在空中发生爆管从而产生药害。

③ 药箱是否清理干净，如清理不干净存在药物残留，有可能存在药物混合反应降低药效甚至产生药害。

（5）动力电池状态确认。

① 锂电池电量是否充足，避免在低电压情况上电。

② 锂电池插头金插（包括无人机插头金插）是否有明显打火痕迹，表面是否有黑色氧化物，如明显发黑，需考虑更换插头。

③ 插头是否完全插入，不可存在缝隙，否则将有可能导致插头过热，甚至空中停机。

7. 人员防护

（1）作业过程中，应对暴露在外的人体部分如手、脚、眼睛以及呼吸系统进行保护，必要的防护服、眼罩、口罩、手套、雨靴等必须进行装备，以保障人身安全。操作人员必须配戴口罩，并应经常换洗。作业时携带毛巾、肥皂，随时洗脸、洗手、漱口，擦洗着药处。

（2）禁止处于下风向、顶风作业。人员应处于作业区域上风向或侧风向。

（3）工作中禁止饮食。手应彻底洗净后，才能饮食。

（4）禁止靠近正在飞行的无人机作业人员，必须与飞行中的植保无人机保持

5 m 以上的安全距离，并且必须在植保机完全停止转动后才可接近无人机。

二、作业当中需要注意的问题

植保作业过程中，包括田块的作业方式、电池保障、飞手与地勤的配合都是需要正确把握的细节。

（1）不同地块作业方式。中国耕地面积达到 18 亿亩，存在各种各样的耕地地形，现列出几个典型地块：

① 新疆、黑龙江：地形相对较平整，单块耕地面积最大，耕地四周有防风林。主要作物有棉花、玉米、水稻、小麦。

② 河南、河北：地形相对教平整，单块耕地面积较大。主要作物是冬小麦以及春玉米。

③ 江西、湖南：地形相对较分散，单块耕地面积较小。主要作物是水稻、油菜。

④ 广西、云南：地形相对分散且山地多，单块耕地面积较小。主要作物有水稻、甘蔗、经济作物等。

（2）规整地块作业方式。假如地块为 100 亩的规整地，植保机为大疆 MG-1：

① 定点将大部分作业区域进行喷洒航线距离飞手站立位置应保持在 7 m 以上，使作业更安全。

② 靠近飞手这一块未作业的区域，可用手动作业进行作业，俗称扫边。如果距离较长，可以隔一段距离扫边一次，保证效果。

（3）航线规划作业方式。如果是具有航线规划功能的 MG-1S，则会采取下列作业方式：

① 对整个田块进行测绘。

② 使用航线规划功能进行自动作业。

（4）航线规划路线。

① 尽量设置长航线。整个田块如果是长宽比例较大，如左图所示，则航线应尽量走 200 m，而不要走 50 m。因为植保机频繁的转弯会降低作业效率。

② 大型地块作业方式。以地块长宽为 1 000 m × 250 m 为例，总面积为 375 亩（一亩约为 667 m^2）。这种地块不可按 1 000 m 的路线来走，主要因为距离过远，遥控信号不佳；药量不够。以 MG-1 为例，一个来回距离达到 2 000 m，按照飞行速度 5 m/s，喷洒药量 1.7 L/min，需要喷洒农药 11.3 L，已经超过了其最大容量；耗电量大。

（5）保持对遥控设备及无人机的观察。

① 保持对植保无人机显示设备的观察，植保无人机指示灯可以显示非常丰富的信息，包括无人机搜星状态、电量情况、实时工作状态、故障情况等。

② 保持对遥控器的观察，例如，遥控器药量灯红灯常亮，是指示无人机药量不足，应及时降落无人机并进行重新加药；例如，遥控器蜂鸣报警，主要是指示无人机电量不足，需要及时降落并更换电池。另外，大疆 MG-1S 植保无人机遥控设备可以显示飞行轨迹，可以很好地用于观察飞行路线并进行纠正。不管是哪种作业模式，植保飞手都应该保持良好的视野，以保持对植保机的状态观察。但是，如环境过于复杂，一定要注意安全，切勿站立在危险区域。

（6）保持对作业区域的观察。

① 随时关注作业环境中出现人、鸟以及车辆，并及时进行避让。

② 作业区域是不是存在之前没有发现的障碍物。植保作业环境复杂，各种不确切因素较多，如高压线、斜拉索、电线杆，一定要做好对作业区域的观察。

（7）加药注意事项。加药应该使用漏斗，药液可以准确倒入药箱，否则药箱加药可能漏到电池箱，电池以及插头会被腐蚀而产生故障；且药液在倒入植保机药箱之前一定要过滤。

（8）充电保障。电池持续供应是高效植保作业的有力保障，作业环境存在各种各样的情况，需要具体情况具体安排。

① 每块电池在使用完毕应冷却 20 min 以上，待电池冷却后在进行充电，否则将降低电池使用寿命。

② 如植保无人机一次使用 1 块电池，建议每部植保机配备 6 ~ 8 块电池，以进行良好充电循环。

③ 植保无人机锂电池容量较大，而且因为需要连续工作，所以其充电功率也较大，以大疆无人机为例，其充电输出功率达到 2 400 W，也就是其工作电流达到 10 A 以上，必须注意用电安全。

④ 距离较远一定要使用便利交通工具，一定要保证电池充电的时效性。

注：农户家庭电路一般承受功率较小，不应超过 5 000 W 以上进行用电，否则有可能造成线路烧毁。

（9）发电机。高效的植保队都会自备发电机进行作业，这样就不受充电位置的限制，需要注意的是：

① 发电机使用频率较高，应注意定期保养。

② 注意定期更换机油。

③ 发电机排气口应处于通风处，排气口万不可放置电池与充电器，否则将

会造成设备损坏。

（10）应急事件处理。

作业过程中会出现各种问题以外事件，需要了解如何处理。

① 作业中暑。在高温的环境下出现头痛、眼花、耳鸣、头晕、口渴、心悸、体温正常或略升高，短时间休息可恢复。症状继续加重的话，面色潮红成苍白、大汗、皮肤湿冷，血压下降、脉搏增快，经休息后，可恢复正常。

中暑之后应按照以下方式进行处理：

a. 离开高温环境，选择阴凉通风的地方休息。

b. 补给水分，最好是含盐的饮料，或者矿泉水。

c. 如果作降温处理，用冷毛巾湿敷患者。

d. 在额部以及面部涂抹清凉油、风油精等，或服用人丹、十滴水、藿香正气水等中药。切忌大量饮水，否则将引起身体盐分大量流失。注：高温下作业不仅不能保证作业质量，并且人员易中暑、中毒。

② 农药中毒。植保无人机作业中毒发生往往是因为未做防护或者防护不当，农药通过皮肤、呼吸系统侵入人体造成中毒事件的发生。农药的类型众多，造成的病症也很不同，主要是以发生头晕、头痛、恶心、呕吐、流涎、多汗、视物模糊、乏力等现象。为避免飞防作业中毒，需注意以下事项：

a. 作业时，不能处于下风向。

b. 农药配制时，需处于上风向。

c. 植保机必须清理干净才能放入室内。

d. 长途运输时，切不可关闭车窗开启内循环。

③ 作业摔跤。如此时无人机处于 GPS 模式下，操作人员应紧握遥控器不要做任何操作，及时站起并将无人机降落回来。如果是在水田的田埂之上摔跤，应高举遥控器，避免遥控器进水。

④ 作业时下雨。可操作无人机降落回来，将无人机迅速抬入安全区域并断电，再将无人机桨叶、电机、电机座、大小臂擦干再进行折叠。注意：禁止雨中折叠无人机。

⑤ 作业时植保机发生自旋。如果是八旋翼植保机将会出现两种情况：

a. 植保机轻载：八旋翼植保机能够保持自身稳定，尽快将植保机降落即可。

b. 植保机重载：植保机有可能发生自旋，可将无人机缓慢上升到 5 m 以上安全高度，将水泵开启最大以使药液清空，待药液清空后无人机将会停止自旋，降落即可。

三、作业之后需要做的工作

1. 农药容器处理

农药空瓶、空袋不可随意丢弃，因其含有农药，有可能造成二次环境污染。农药包装应进行统一回收，由农药供销社回收。现在农药包装物越来越精制、美观，切不可因此而将其留作他用，更不可用以盛装食品、饲料、粮食。

2. 植保机处理

植保无人机作业完毕后，在机身、机臂、电机、螺旋桨、脚架之上会存在大量的农药附着物。农药附着会腐蚀机体，所以必须每天进行清理，以使植保机保持良好状态。

3. 工作结束之后的充电工作

当天工作结束之后，应对电池进行充电以满足第二天工作需求。从锂电池使用特性考虑， 在晚上的充电工作可以使用较小电流进行充电。例如，大疆农机充电管家可一次连接 12 块电池进行充电，使用慢充进行充电不仅可以延长电池寿命，对住处电路功率要求也较低。

4. 设备转运

（1）转运前准备。

① 在运输之前一定要将植保无人机进行清洁，并去除表面农药残留，清空药箱残液，并且应多次用清水清洗喷雾系统，运输时不应放置电池。

② 应将植保无人机进行折叠再进行运输，不可在展开状态下进行运输。

③ 无论是展开状态下还是折叠状态下的植保无人机，应由两人共同抬大臂进行搬运，禁止抬小臂。

④ 机臂以及螺旋桨应用桨托进行固定，禁止在未固定的情况下进行运输。如机臂和螺旋桨未进行固定，机臂以及电机将有可能与周边物体造成碰撞造成损伤。

⑤ 机体应以正常脚架着地进行放置，不可倒置，不可斜置。 长途运输时，必须将设备固定好，并且在机身四周留有一定空间，避免机身发生晃动碰撞而损坏植保无人机。

（2）电池与充电器运输。必须将电池整齐装入防爆箱，避免散放。2016 年，某植保队转运时，其中一块电池燃烧，造成植保无人机、多块电池受损，最终损失较大。如将电池放入防爆箱，则可以避免损失扩大。

（3）车辆。运输作业完毕之后的植保无人机，不能完全关闭车窗开启空调内循环，否则机身以及药箱残留的药液进行挥发，将有可能导致人员中毒，应开启车窗，保持内外空气流通。

（4）设备存储。

① 植保无人机应保存在干燥的环境当中，温度在 -20 ~ 40℃之间，以 25℃为最佳。

② 植保无人机在长期保存之前应彻底清洗喷头、药箱、水泵、防涌装置等。

③ 电池应将电压保持在 3.85V 左右进行保存，可使用充电器的储存功能达到储存要求，并每隔 40 ~ 50 d 进行一次完整的充放，如放电条件不足，可使用充电器的储存模式进行补电操作。

③ 电池严禁满电长期存放，否则将导致电池鼓包失效。

第四篇 实　验

实验一

单缸汽油机基本构造及工作原理

一、目的要求

1. 了解单缸四行程和二行程汽油机的总体结构和各部件之间的相互作用；
2. 结合实物的剖析掌握单缸四行程和二行程汽油机的工作过程。

二、实验内容

（一）结构认识

1. 曲轴连杆机构

（1）发动机机体：汽缸盖、汽缸垫、汽缸体、曲轴箱。

（2）活塞组：活塞、活塞环、活塞销。

（3）曲轴连杆飞轮组：连杆、曲轴、飞轮。

2. 配气机构

由进气门、排气门、气门传动件、凸轴轮、正时齿轮等组成。二行程汽油机无专门配气机构。

3. 燃料供给系统

由油箱、油路开关、输油管、化油器、空气滤清器、消音器、调速装置等组成。

4. 点火系统

由火花塞、磁电机和高压导线等组成。

5. 润滑系统

油底壳、油匙等组成。二行程汽油机采用混合油凝固法，无专门润滑系统。

6. 冷却系统

由风扇、散热片和导风罩等组成。

7. 启动装置

由手拉自回式启动器、启动轮或摇把、传动齿轮等组成。

（二）内燃机工作的几个术语概念：

结合实物和挂图的剖析，认真弄懂下面几个术语概念：

①上止点；②下止点；③活塞行程；④燃烧室；⑤汽缸工作容积；⑥汽缸总容积；⑦压缩；⑧工作循环。

（三）单缸四行程汽油机的工作过程

1. 汽油机的工作过程由吸气、压缩、点火、做功和排气组成。

实验中注意观察弄清楚几个关系：

（1）完成一个工作循环与活塞行程的关系；

（2）完成一个工作循环与曲轴回转周数的关系；

（3）完成一个工作循环与气门启闭的关系；

（4）汽油机做功与火花塞点燃的关系；

（5）各个工作行程与汽缸压力、温度的变化关系。

2. 实验结果记载于表 1。

表 1 单缸四行程汽油机工作过程

行程	曲轴转角	活塞行向	气门开闭情况		气缸内空气的情况	
			进气门	排气门	压力 /（kg/cm^2）	温度 /℃

（四）单缸二行程汽油机

1. 观察它与四行程汽油机比较在构造上有什么特点？

2. 根据其构造特点，了解在汽油机工作过程中所起的作用。

3. 在实验中注意观察单缸二行程汽油机的工作过程与四行程汽油机的区别。

（1）完成一个工作循环与活塞行程的关系；

（2）完成一个工作循环与曲轴回转周数的关系；

（3）活塞行向与进气孔、换气孔、排气孔启闭的关系；

（4）曲轴箱密封与内燃机吸气的工作关系。

4. 实验结果记载于表2。

表2　二行程汽油机工作过程

行程	曲轴转角	活塞行向	工作状况	气门开闭情况		
				进气孔	换气孔	排气孔

三、实验组织

本实验课为构造认识，每个班分别为四组，在教师的指导下剖析教具、细心观察，做好记录。

四、实验设备

单缸二行程和四行程汽油机模型，汽油机工作挂图，1E40F型和165F型汽油机、活塞组件、连杆、曲轴连杆总成、汽油机结构教具板。

五、课外作业

1. 整理实验结果。

2. 试分析单缸二行程和四行程汽油机在构造上和工作原理上的异同点？在使用上各有何优缺点？

实验二

小型汽油机曲柄连杆机构和配气机构的构造、功用及检查调整

一、目的要求

通过拆装进一步熟悉小型汽油机曲柄连杆机构和配气机构的构造、功用及各部（零）件的相对位置，掌握拆装方法，进一步熟悉配气机构气门间隙的作用和初步掌握气门间隙的检查调整。

1. 了解单缸汽油机曲轴连杆机构主要零部件的构造和功用。

2. 掌握活塞环端间隙、边间隙的测量和活塞的拆装技术。

3. 掌握活塞的拆装技术。

二、实习设备和工具

165F 汽油机及挂图，扳手、克丝钳、螺丝刀、塞规、锤子及拆装专用工具等，汽油机教具板、曲轴连杆机构所有零部件，1E40 型汽油机，油盆、刷子、汽油、电炉、200℃温度计，机油和机油盆，铜棒、活塞销安装专用工具，尖嘴钳、随机工具、厚薄规、铜片。

三、实习步骤和方法

（一）结合实物认识曲轴连杆机构主要零部件的构造和功用

1. 发动机机体

（1）气缸盖：散热片、火花塞孔、减压塞孔。

（2）气缸垫：铝质垫（1E40F 型和 1E52F 型）铜皮包石棉垫（165F 型）。

（3）气缸体：

1E4CF 型机由气缸、散热片、进气孔、排气孔、换气孔和换气道等组成。

1E52F 型机由气缸，散热片、排气孔、换气孔和换气道等组成。

165F-1 型机由汽缸、散热片、侧置气门组件等组成。

（4）曲轴箱：

1E40F 型机由前半曲轴箱、后半曲轴箱、油封、轴承组成。

1E52F 型机由前半曲轴箱、后半曲轴箱、进气孔、进气阀片、阀片架、油封、轴承、排油塞等组成。

165F-1 型前半曲轴箱、后半曲轴箱、油封、轴承、油底壳、加油塞、放油塞、底盖等组成。

（5）气缸体垫：由石棉制成，位于气缸体和曲轴箱之间。

2. 活塞组

（1）活塞：由头部（包括活塞顶、活塞环槽、环岸等）和裙部（包括活塞销座、隔热槽、膨胀槽等）组成。

（2）活塞环：由气环和油环组成。

（3）活塞销和锁环。

3. 连杆、此轴，飞轮组

（1）二行程汽油机：由曲轴连杆总成和飞轮组成。

（2）四行程汽油机：由连杆、油匙或油勺、曲轴、飞轮、冷却风扇等组成。

（二）活塞环间隙、边间隙的测量和活塞环的拆装技术

1. 端间隙的测量

把活塞环放在汽缸内，用活塞顶把活塞环推平，然后用厚度为其端间隙厚薄规插入其端间隙中，如插入和拉出时均稍感到阻力，则厚薄规的厚度为其端间隙的大小。本实验用 1E40F 汽缸和活塞环测量，装配时间隙最小值为 0.06 mm，磨损极限值为 1 mm。

2. 边间隙的测量

先把活塞环压入环槽内，再用厚薄测量。要求活塞环能够在环槽内自由转动而又不摇动，也不应卡住为合适。

3. 活塞环拆装技术

按课本活塞环的拆装部分内容进行，注意不要折断活塞环。二行程汽油机用 1E40F 型机进行。四行程汽油机用 165-F 型机进行。

（三）活塞的拆装技术

本实验用 1E40F 型汽油机进行。

1. 拆卸过程

（1）拉出汽缸体，取下活塞环和锁环；

（2）将活塞放在 130℃机油中均匀加热 3 ~ 5 min 后用铜棒顶出活塞销。

2. 安装过程

（1）将拆下活塞清理环槽内积炭后洗净，然后测量汽缸与活塞裙部之间的间隙，超过磨损极限值即应更新活塞；

（2）将活塞放在 130℃机油中均匀加热 5 min，趁热装上活塞销，注意活塞顶的箭头要指向排气孔；

（3）将锁环平坦而紧密地全部嵌入销座的槽内，且不能有松动的现象；

（4）装上活塞环，后将汽缸体的进气孔对准曲轴箱高压线引出口，再将活塞环的开口对准槽内定位销钉，压紧活塞环，把活塞装入汽缸内。

（四）曲柄连杆机构的拆装

（1）将固定在机体上的油箱、导风罩、排气消声装置、化油器、调速器等部分零件拆下；

（2）卸下缸盖和缸体；

（3）分解曲轴箱（注意不要将曲轴箱轴承座孔的调整垫丢失，并记下它们的位置，以防安装时搞乱）；

（4）仔细观察各零部件的构造、作用和相互关系；

（5）按拆卸相反的顺序进行装配。无论拆卸或安装都应注意保持各零部件的清洁。

（五）配气机构的拆装

（1）在拆去曲柄连杆机构后，缸盖先不安上。将气门销气门弹簧取下，即可从缸体上端抽出气门仔细观察其构造和作用。

（2）按相反序将配气机构装上。

（六）气门间隙的检查调整

（1）转动启动轮使气缸内活塞处于压缩行程上止点。

（2）按规定的气门间隙值（进气门为 0.12 ~ 0.15 mm，排气门为 0.15 ~ 0.2mm)选择塞规。将塞规轻轻插气入气门杆尾端与挺柱调整螺钉间，抽动塞规稍有阻力即为合适。否则就要进行调整，调整时，先松开挺柱上的锁紧螺母，再转动调整螺钉，将塞规又插入气门杆尾端与挺柱调整螺钉之间，直至调到符合要求为止,再将锁紧螺母锁紧，然后再用塞规复检一次，以确保调整后符合要求。

四、实习报告

详述曲柄连杆机构和配气机构的拆卸步骤。

五、课外作业

1. 如何正确检查与更换活塞环?
2. 拆装二行程汽油机曲轴箱时有什么注意事项?

实验三
柴油机供给系、润滑系和冷却系观察，单体喷油泵的正确拆装

一、目的要求

通过实习进一步熟悉柴油机供给系、润滑系和冷却系的构造，掌握单体喷油泵拆装顺序。

二、实习设备和工具

S195 柴油机、螺旋齿杆泵、17 ~ 18 扳手、150 mm 螺丝刀、尖嘴钳、零件盛放盘、柴油和机油少许。

三、实习步骤和方法

1. 柴油机供系、润滑系和冷却系观察

2. 喷油泵的拆卸

（1）用扳手反时针将出油阀座从泵体卸下。

（2）取出出油阀及弹簧。

（3）用螺丝刀反时针拧下推杆体导向螺钉。

（4）从泵体内取出推杆体总成、柱塞及弹簧下座、柱塞弹簧及上座、调节齿轮套。

（5）从泵体内取出调节齿杆。

（6）从泵体上用螺丝刀反时针拧下柱塞套固定螺钉，然后用螺丝刀木柄从泵体上部顶住柱塞下沿，将出油阀垫圈、出油阀座和柱塞套顶出泵体，拆卸完毕。

3. 仔细观察各零件的构造、作用和相互关系

特别应注意调节齿杆中间、调节齿轮套筒、柱塞凸肩上的装配记号。柱塞和出油阀的配合表面不能有任何碰撞痕迹。

4. 喷油的装配及注意问题

（1）装配前用柴油清洗柱塞偶件和出油阀偶件，然后清洗其他零件，并将清洗后的零件按拆卸时的顺序放回原处。

（2）装配喷油泵。

装配时应按后拆先装的原则将所有拆下的零件装回泵体内。在装配过程中应特别注意：

① 柱塞放入泵体内时应使柱塞套筒上的回油孔和柱塞套筒固定螺钉孔对正。

② 调节齿轮套和齿杆上的安装记号必须对正并保持不动。

③ 安装柱塞时，先将弹簧下座与柱塞尾部的小圆台连接起来，再将柱塞凸肩上的记号对准调节齿轮缺口上的记号，把柱塞装入柱塞套内。

④ 安装推杆体时，推杆体上的导向槽应和导向螺钉孔对正。

⑤ 若为 1 号泵，无需对记号，其他步骤同齿杆泵。

四、实习报告

装配油泵时，调节齿杆和齿轮套上的记号不对正及安装柱塞时凸肩上的记号和调节齿轮套上的缺口装反时，对供油系统的供油会产生什么影响？

实验四

柴油机的启动、运转和停车

一、目的要求

通过实习，了解柴油机的启功、运转和停车的操作过程，掌握启动要领。

二、实习设备和工具

S195 柴油机一台、启动摇把、12 ~ 14 扳手各一个、加油和加水工具、柴油、机油等。

三、实习步骤和方法

1. 启动前准备

（1）加水：先关闭放水开关，然后向水箱加入清洁的冷却水（软水），使水箱内浮标升至最高位置。冬季应加热水。

（2）加柴油：根据气候情况，向油箱加注经过沉淀后的合格柴油。

（3）检查机油油面高度是否在油尺刻线之间，油面不应低于下线，也不许超过上线。不足时应添加合格的柴油机机油。

（4）试摇曲轴，打开油箱开关，把油门固定在中间位置。若油路内有空气时，应拧松细滤器盖上的放气螺钉排气。然后用左手扳动减压手柄使其处于减压位置，右手将摇把插入启动孔内，摇转曲轴数，转动时应很轻松灵活，并应听到气缸内有“咯咯”的喷油声。同时观察机油压力指示器的红标志应升起，说明润滑系统工作正常。

2. 柴油机的启动、运转和停车

（1）启动。先将油门固定在中间位置，然后用左手扳减压手柄使其处于减压位置，同时用右手紧握摇把插入启动孔内，此时两腿分开下蹲站稳，由慢到快加速摇转曲抽，当转速达到最快时，迅速放开减压手柄，使其自动回位，此时右手仍应全力摇转曲轴，柴油机即可启动。启动后右手仍应紧握摇把，摇把会自动被启动轴上的斜面推出。切勿松开摇把，否则会发生事故。

（2）息速运转。启动后应关小油门，使发动机低速运转，并检查机油力指示器的工作情况。倾听发动机各部位有无异响。怠速运转不宜超过 3 ~ 5 min。

（3）加速运转。提高发动机转速时，应将油门手柄松开，徐徐下压，发动机转速即可由慢到快、切忌加油门。

（4）停车。

①正常停车：发动机怠速运转 2 ~ 3 min 后再关油门使发动机停止运转。冬季气温低于 5℃以下时，停车后待水温降至 40℃以下时，放尽冷却水。

②紧急停车：柴油机在工作中突然转速升高并发出不正常的怪叫声时，用关闭油门的方法不能停车的现象叫“飞车”，飞车发生时要立即采取松开高压油管断油，减压或堵严空气滤清器的进气等方法使发动机停车。

四、实习报告

写出启动实习体会（要点提示：启动顺利的原因，没有启动起来的原因，柴油机反转的原因及危害）。

实验五
动力植保机械的构造认识、使用调整和拆装技术

一、目的要求

1. 了解动力植保机械的总体结构；
2. 了解喷粉机具的结构和原理；
3. 掌握背负机动喷粉机的使用和调整方法；
4. 掌握 3WF-3 型等机具的拆装技术；
5. 了解弥雾机的结构原理；
6. 掌握 3WF-18 型和 3MF-3 型两种机型由喷粉装置改装成弥雾装置的方法；
7. 掌握弥雾机的使用技术。

二、实验内容

1. 动力植保机械的总体结构

（1）动力部分：单缸二行程和四行程汽油机。

（2）药械部分：喷粉机械、喷雾机械、弥雾机械、超低容量喷雾机和喷烟机械的药械装置。

2. 3WF-18 型背负弥雾喷粉机由喷粉装置改装成弥雾装置

（1）打开药箱盖，从药箱进气口上取下吹粉管，安上进气塞、进气软管，在加药口处安上过滤网。

（2）从粉门体上取下输粉管，装上出水塞接头，并接上输液管，输液管另一端接上手把开关组装的进水接头，手把开关组装的出水接头再接一条输液管，输液管另一端接喷头接头，并在弯头的下粉口上用胶塞堵住。

（3）喷管上安上弯管，再在弯管上装上喷头。

（4）按作业要求在喷头安装高射或平射喷嘴。

3. 3MF-4 型植保多用机喷粉装置改装成弥雾装置

（1）打开药箱盖，取下粉门开关板，换上增压组件（增压塞、进气软管及过滤网）。

（2）取下输粉管，按上出液接头，装上弥雾喷头，并将前后输液管连接在手把开关的进出口上。

（3）以手把开关控制弥雾量，原有的粉门操纵把手在此不用，注意不要扳动。

4. 弥雾喷粉机的喷粉操作技术

（1）仔细观察药械部分的构造。

（2）按高射喷粉作业组装好机器。

① 粉门操纵手把放至半开度位置，使药箱进风口处的拨杆垂直竖立；

② 粉门开关孔板错开一半，让粉门板下面吹风导管孔对正拨杆，将其安装在药箱底部，然后把定位板按下卡紧；

③ 拨动粉门操纵手把全行程，检查粉门孔板能否全开全，否则应重新安装或调整；

④ 在药箱出药口与风机出风口的下粉插口之间装上输粉管；

⑤ 在弯管上装上蛇形软管，再在蛇形软管上安装圆筒形喷管；

⑥ 松开固定弯管的卡环，转动弯管使喷管垂直向上，然后再旋紧卡环；

⑦ 在蛇行软管上装上固定架。

（3）按平射作业组装好机器。

① 拆下蛇形软管上的定架。

② 松开固定弯管的卡环，转动弯管使喷管呈水平状态。

③ 拆下圆筒形喷管，装上长塑料薄膜喷管，注意出粉口应向下，余同高射作业装置。

5. 汽油机与风机拆装分离技术按下列步骤进行

（1）倒干净油箱燃油，取下化油器输油管。

（2）取出油门拉杆的开口销，使拉杆与上臂分离。

（3）取下背板和风机进风口滤网，拆开磁电机控制盒固定螺钉。

（4）用勾扳手勾住启动轮，并用双头套筒扳手顺时针方向旋动并取出叶轮紧固螺母。

（5）用扳手拧下汽油机与风机前蜗壳的 4 个紧固螺母及消音器下的紧固螺钉。

（6）同用叶轮拉码拉出叶轮，并且边移开汽油机，直至二者分离，取出汽油机。要注意二者动作相互配合，不可只退不移，以免叶轮在蜗壳内顶弯。

（7）装回汽油机时，按以上相反顺序进行。

（8）拆装注意事项。

① 整机大部分是铝合金或薄壁结构，拆装时不宜用力过大，以免零件变形或丝扣损坏。

② 为避免药箱渗漏，在清洗保养和机具的拆装中，药箱总成请勿拆卸。

三、实验组织

一个分两个小组在教师指导下进行操作，严格按操作规程进行，严防事故发生。

四、实验设备

3WF-18 型背负弥雾喷粉机、3MF-4 型植保多用机、3MF-3 型植保多用机、工农 -36 型机动喷雾机、加油漏斗、随机配套工具、汽油、机油、柴油、加粉漏斗、水桶、拆装工具、配油桶、油盆、油刷、铁丝、木板、90# 或者 93# 汽及 10# 车用机油。

五、课外作业

1. 画示意图说明动力植保机械的总体结构。
2. 喷粉机使用时应注意什么？
3. 弥雾机使用时应注意什么？
4. 如何把 3MF-3 型植保多用机的汽油机与风机分离？

实验六

喷雾机械的使用和检修

一、目的要求

通过实习进一步熟悉常量喷雾机械的构造、工作原理和初步掌握其检修方法。

二、实习设备和工具

各种常量喷雾机械及其挂图、扳手、克丝钳、螺丝刀、锤子、易损零配件、少量润滑油。

三、实习步骤和方法

1. 使用前检查

（1）先把零件擦干净，再把喷头和开关手柄、胶管连接好。安装时要注意检查各连接处垫圈有无漏装，是否放平，连接是否紧密。在连接和固定塑料制成的零件时，螺钉不能拧得过紧，只要拧到不漏水即可，以免螺丝滑牙。

（2）用清水试喷检查是否有漏气、漏水。压缩式喷雾器，可抽动几下活塞杆，如果手感到有压力，而且听到有喷气声音，说明气筒完好不漏气。如果听不到气筒有喷气声音。取出皮碗放在油或动物油中浸泡待胀软后，再装上使用。安装皮碗时，将皮碗的一边斜放气筒口内，边转边旋入，切不可硬塞，防止皮碗反卷。打开开关，检查开关及喷头处有无漏气、漏水现象。

2. 使用注意事项

（1）压缩式喷雾机装药时，注意只加到桶外壳处标明的水位线处。打气时，保持活塞杆在气筒内垂直上下抽动，不要歪斜，要快而有力，使皮碗迅速压到底。这样压入空气就多，上抽时，要缓漫，使外界空气易流入气筒。

（2）工农 -6 型背负式喷雾机加药液时，液面不得超过安全水位线。超过此线，药液经唧筒上方的小孔进入唧筒上部，影响工作。喷药前，先扳动摇杆 6 ~ 8 次，使气室内的气压达到工作压力后，再进行喷雾。如果扳动摇杆感到沉重，就不要过分用力，以免气室爆裂而损伤人、物。

（3）工农 -36 型机动喷雾机的使用。

① 根据不同作物喷药要求，选用喷头或嘴枪。

② 将机具放平，检查发动机曲轴箱机油，应在规定的油位线处。机油必须用清洁的 15 号车用机油。

③ 用清水进行试喷，检查一切是否正常。

④ 根据有关计算，确定母液浓度。

⑤ 操作方法：

1）把调压轮向“低”方向拧几圈，调压手柄往顺时针方向扳到低，即“卸压”位置。

2）启动发动机。待转速正常后开始喷药。

3）打开截止阀，把调压手柄向反时针方向扳到底，即“加压”位置。拧紧调压轮，宜到压力表上指示的压力达到工作要求为止。作业时不要把压力调得太高。使用喷头喷雾时调整在 10 kg/cm^2 为宜，使用喷枪时调整在 20 kg/cm^2 为宜。

4）使用喷枪喷洒时，不可直接对准作物喷射，以免损伤作物。喷洒近处可使用扩散片保证喷射均匀。

5）停止喷雾工作时，必须将液泵压力降低后，方可关闭截止阀，否则会使机具损坏。

6）使用时注意液泵不可脱水空转，以免损坏皮碗。如果机械短时转移，可以不停车，但必须做到如下几点：

a. 将调压柄顺时针方向扳到底，使调压阀居于“卸压”位置。

b. 降低发动机转速。

c. 在吸水前关闭截止阀，使存水在泵内循环。

d. 转移完毕后，立即把吸水阀放入液体提高发动机转速，打开截止阀，并把调压手柄逆时针方向扳至“加压”位置，恢复正常工作。

3. 机动喷雾机基本性能试验

（1）手持喷枪处于水平状态喷射。

（2）通过调压阀的调整，选定三个工作压力（常用压力 ± 5 kg/cm^2）的试喷，用皮尺分别测量射程和喷幅，观察鉴别其雾粒大小和雾化均匀度。

（3）采用上述三个不同压力工作，用一段 4 寸塑料管套住喷枪喷射，在塑料管另一端用一水桶收集药液量。并同时用秒表计时，后用量筒测定喷雾量。

（4）实验记录。

四、实习报告

1. 叙述手动式喷雾机的正确操作。
2. 工农 -36 型机动喷雾机操作过程和应注意的事项。
3. 整理实验结果，填写表格。
4. 背负式喷雾器常见哪些故障?
5. 分析几种故障产生的原因和排除方法。

实验七
弥雾喷粉机及超低量弥雾机械

一、目的要求

通过实验进一步熟悉弥雾喷粉机和超低量弥雾机的构造，掌握正确使用和调整方法。

二、实验设备和工具

弥雾喷粉机、超低量弥雾机械、挂图、扳手、克丝钳、螺丝刀、锤子、专用工具。

三、实习步骤和方法

1. 背负式弥雾喷粉机的使用

（1）弥雾作业方法。

① 全机应按弥雾作业要求，安装药箱和喷管装置，使机器处于弥雾作业状态。

② 正确操作汽油机。

③ 添加药水。加药水前，用清水试喷一次，检查各处有渗漏，加药液时不要过急过满，以免从过滤网出气口处溢进风机壳里，药液必须干净，以免喷嘴堵塞。加药液后药箱盖一定要盖紧，加药液可以不停机，但发动机要处于低速运转状态，加药液时应防止将药液洒在发动机上。

④ 喷洒。机器背上背后，调整手油门开度使汽油机稳定在 5 000 r/min 左右（有经验者可以听发动机工作声音，发出呜呜的声音时，一般此时转速是够 4 500 ~ 5 000 r/min 以上）。然后开启药液开关，使转芯手把朝着喷头方向。

⑤ 喷药液时应注意的几个问题：

1）开关开启后，随即用手摆动喷管，严禁停留在一处喷洒以防药害。

2）喷洒过程中，前进速度与摆动速度应适当配合，以防漏喷，影响作业质量。

3）控制单位面积喷量，除用改变行走速度来调节外，转动药液开关转芯角度，改变通道截面积也可调节喷量。

4）喷洒灌木丛时（如茶叶树等），可将弯管口朝下，防止药液向上飞扬。

5）由于弥雾雾粒极细，不易观察喷洒情况，一般情况下，作物叶子只要被喷管风速吹动，证明雾点已达到了，不要和手动喷雾机相比，如果喷量跟手动喷雾机一样多，则植物就将要受药害（因其药液浓度比常量喷雾高 2 ~ 1 倍）。

（2）喷粉作业方法。

① 全机应处于喷粉状态。

② 加药粉，粉剂应干燥，不得有杂物和结块。停机，关闭风门及粉门操纵手柄，加粉后，拧紧药箱盖，把风门打开。

③ 背机后将手油门调到最适宜位置，稳定运转片刻，然后调整粉门开关手柄进行喷洒。

④ 在林区进行喷洒应注意利用地形和风向，利用作物表面露水进行喷粉效果较好。

⑤ 使用长喷管进行喷粉时，先将塑料薄膜喷管从摇把组上放出，再加油门能将薄膜喷管吹起即可，不要转速过高，然后调整粉门进行喷洒。为防止喷管末端存粉，前进中应随时料动喷管。

（3）用弥雾机进行超低量喷雾作业。

① 将手柄开关换装一个精量调节开关。

② 将弥雾喷头换成超低量弥雾喷头。

③ 掌握好药液流量，步行速度和有效喷幅的关系。精确计算每亩地用药量，因喷洒浓度大，以防产生药害和造成浪费。

④ 做好喷药人员的安全保护工作，防止中毒。每机要配备 3 人，经常轮换作业。作业中严禁饮酒和吸烟。工作完毕后认真洗手洗脸及用具、服装等。

⑤ 夜间作业。发动机的磁电机有照明线圈，发出 6 ~ 10 V 的交流电，在磁电机外罩引出线（另一条是熄火线），如需夜间工作，用自行车灯或矿灯，灯头的一个接点与照明引出线相连，另一个接点与机架上任一处相接，形成一个回路。

2. 主要调整

(1) 油门调整，汽油机出厂时转速都已调整好了，一般不要随便拆调，若经修理拆卸，则应进行调整，方法为：

① 启动汽油机；

② 待汽油机低速运转约 5 min 后，将油门手柄操纵杆提升到头。然后用转速表测量汽油机转速是否达到 5 000 r/min；

③ 若转速超过 5 000 r/min 太多时，拧松油门拉杆穿过销轴上面的一只 M4 螺母，待汽油机转速稳定至（5 000 ± 100）r/min 时，然后拧紧销轴下面的一只 M4 螺母与上面一只螺母夹紧为止。

④ 若转速低于 5 000 r/min 时，则用上述方法相反进行调整。

（2）粉门调整。若机器安装后粉门关不严时，应进行调整，步如下：

① 卸下粉门拉杆（摇杆）与粉门轴摇臂连接的 1.0 × 10 开口销，将拉杆与摇臂脱开。

② 用手扳动粉门摇臂轴，使粉门挡板关严。

③ 将粉门操纵杆手柄放在最低位置，然后调节拉杆长度（顺时针转动拉杆缩短，反时针转动伸长），使拉杆上头横轴插入粉门摇臂孔中，然后用开口销锁住。

四、实习报告

1. 写出弥雾喷粉机在各种作业时的准备工作和操作方法。

2. 写出超低量弥雾前的准备和操作方法。

3. 分析几种故障产生的原因和排除方法（由老师设置，根据课堂讲过的内容进行分析）。

实验八
车载超低量喷雾机操作

一、实验目的

1. 掌握认识车载超低量喷雾机结构与使用操作。

2. 了解每班作业结束后喷雾机的技术保养内容。

（一）机器由以下系统组成

（1）动力系统：采用单缸、立式、风冷、4冲程柴油机作为本系统的动力来源。

（2）风机系统：采用高压离心风机，是实现本机喷雾功能最直接的系统部件。

（3）液泵：将药液送往雾化系统的动力机构，本机采用的是隔膜泵。

（4）药路系统：将药液按设计要求送达雾化喷头，由一系列管路、电磁阀、连接件等组成。

（5）雾化系统：将药液雾化。其原理为利用高速旋切气流将药液进行破碎雾化。

（6）回转系统：包括水平和垂直旋转机构。通过调整将雾化药液送往不同的角度及高度。

（7）结构系统：通过其将各个系统有机的组成一个整体。包括底座和框架等。

（8）控制系统：由控制线路板、线路、控制箱遥控器等组成。

（9）储药系统：由内外药箱、加药装置等组成，用于储存药液保证机器一定时间喷雾作。

（10）辅助系统：如便于移动的脚轮，方便搬运的搬运杆及推拉把手等。

（二）操作与使用

1. 操作前的准备（发动机操作参照风冷柴油机使用说明书进行操作）

① 按柴油机的使用要求加足柴油、润滑油、做好启动前的准备工作；

② 检查药箱选择是否正确。

③ 根据需要和配比，加一定量的药液和清水，注意水要干净，千万不能有杂质，并经过过滤，加药时不要太满。

④ 调好喷雾水平角度、垂直喷雾角度。

2. 整机操作

整个机器操作是由控制箱或直接在机器面板上进行。

① 启动发动机：

A. 先将电源开关旋到总开位置，将油门调到启动指示灯发亮（控制箱上）位置；

B. 再将电源开关旋到启动位，发动机启动；

C. 发动机启动后，松开启动钥匙；

D. 如果发动机未在 5 s 内启动，请间隔 15 s 后再次启动；（当蓄电池电压偏低时请使用机体上的启动开关进行启动，不要再使用控制箱上的启动开关）。

② 调整发动机转速：使用控制箱上的油门控制开关进行调整，请注意要将机体面板上的转换开关拨到“自动”位置后再使用控制箱上的油门调节开关，并对照转速显示表对柴油机的转速进行调节。

③ 开始喷雾：当发动机工作正常时，按下控制箱上的喷药按钮开关，药液泵开始工作，系统将开始喷雾，根据使用要求调整药量调节旋钮到需要的位置即可。

④ 停止喷雾：再次按下控制箱上的喷药按钮开关，开关指示灯也将熄灭，隔膜泵停止工作（注意：停止雾时要将机器面板上和控制箱上两处的喷药开关都关闭，才可切断隔膜泵电源）。

⑤ 停止发动机：当确认不再喷雾后：将油门调到启动位工作 5 min；将电原开关旋转到总关位置，发动机停止，取下电源钥匙（注意：关机时要将机器面板上和控制箱上两处的电源开关都关闭才可切断电源、停止供油）。

⑥ 清理药箱：如药品未喷完，首先通过排放口排出，加清水清洗。

（三）安全注意事项

1. 新机磨合

新柴油机各部件未经磨合，使用不当会缩短柴油机寿命，最初 20 h 是柴油机磨合期。发动机在磨合期不能满负载运行，操作者必须遵照下列事项：

A. 启动时油门必须放在启动位，预热 5 min；

B. 可以按照转速 2 900 r/min，即整机最初 20 h 工作时门开启位置不得过工作位。

2. 正常工作时开机及关机

若在负载状态下关机，柴油机的温度会急剧升高，缩短柴油机的使用寿命。开机、关机时应首先将油门放在启动位，低速运转 5 min 后，再高速运行或关机。

3. 整机安全注意事项

A. 工作时应注意穿好防护服，戴好手套、口罩等；

B. 整机工作不正常时严禁喷雾；

C. 喷药方向有人时禁止喷雾；

D. 非专业人员禁止拆卸本机；

E. 风力大时禁止喷雾；

F. 根据风向等条件确定喷雾方法；

G. 先停止喷雾后再停发动机；

H. 加油及加药时首先停机。

（四）维护与保养

1. 柴油发动机注意事项

发动机运转 20 h 后，热机更换机油，否则不能排尽机体内的残余机油。

2. 柴油机运转过程中的注意点

① 柴油机是否有异常振动、异常声音。

② 排气声是否正常。

③ 是否有连续排放白烟或黑烟。

④ 柴油机出现以上异常现象时，务必关机，并请与就近的代理商联系，长期不使用时将油抽出。

3. 药路系统的保养

由于农药具有一定的腐蚀性，每次使用完后，尤其长期不用时：清理药箱如药品未喷完，首先通过排放口排出；加清水冲干净药箱，将洗净的药箱加清水，启动机器喷雾 3 min，确保药路清洁；每次使用完后清洁机器外壳，防止溅落的药液腐蚀机壳。

4. 机器存放

将机器放置在干燥通风的仓库内，切勿放置于潮湿处，不得露天存放，避免与酸、碱、农药、化学药品等有腐蚀性的物质混放。长期储存的产品，应将燃油和水等液体放尽，以防冬季冻坏机具或发生火灾。

二、实习报告

详述车载式喷雾机操作过程，并说明操作注意事项。

三、课外作业

1. 车载式喷雾机的用途有哪些？
2. 简述车载式喷雾机操作注意事项。

实验九
背负式弥雾喷粉机保养方法

一、目的要求

1. 了解植保机械保养内容。
2. 掌握植保机械的拆装和清洗技术。

二、实验内容

（一）保养前的准备工作

（1）布置好工作场所，地上要铺上塑料布或纸，以免拆下的零件粘沙或丢失。

（2）把需要保养的机器放在工作地点，并清除外部尘垢。

（3）检查使用的工具是否齐全，并把所有的工具擦洗干净后放在工作地点，排列整齐。

（4）仔细观察所要拆卸的机件的连接方法，以及与邻近机件的位置关系，从而明确拆卸的方法和步骤。

（二）3WF-18型背负弥雾喷粉机保养内容和方法

（1）完成日保养内容，做好清洁和检查工作。

（2）从化油器上取下输油管，拔出粉门轴与摇杆连接的开口销，旋下两夹带螺母，取下药箱，将药箱内外用水洗净。

（3）从上机架上旋下固定油箱的4个螺栓，把油箱连同油路开关取下，用汽油清洗干净，旋下紧固在汽缸盖上的两个连接螺栓，再旋下上下支承的连接栓，拆下上机架。

（4）将油门摇杆与化油器臂相连接的两个M4螺母松开，并使摇杆脱离销轴。

（5）旋下油门操纵两个固定支架，并脱离后盖。

（6）松开并取下汽油机前支承的固定螺母。

（7）旋下风机周围的12个螺钉，去下风机后盖，将风机壳内外清洗干净。

（8）旋下紧固在轴端的螺母，用拉码取下叶轮组装，将叶轮用汽油清洗干净。

（9）旋下汽油机与后盖的4个螺栓，使汽油机与后盖分开，将后盖内外清洗干净。

（10）旋松固定化液器的夹紧螺栓，将化油器从进气阀栏上取下。

（11）取下固定浮子室的两个螺钉，打开浮子室，用汽油清洗干净后装回。

（12）用套筒扳手从汽缸盖上取下火花塞，用纱布打磨电极，清除积炭，洗净后调整间隙至0.7 mm。

（13）松开固定风罩的两个螺钉，取下导风罩，将导风罩内外清洗干净。

（14）用套筒扳手卸下4个缸盖母，然后卸下汽缸盖，取下汽缸垫。

（15）将汽缸盖和汽缸垫放油盆内清洗，用锯片刮除燃烧积炭。

（16）将活塞置于上止点位，在活塞和汽缸之间涂上黄油，然后用煤油软化积炭。

（17）用锯片刮除活塞顶积炭，然后用汽油清洗活塞顶和汽缸壁（包口洗去涂在上面的黄油）。

（18）汽缸壁上涂上少量润滑机油后，先装上汽缸垫，然后装上汽缸盖。

（19）先在4个缸头螺柱上放上平垫和弹簧垫，然后用手旋装上缸头螺母。

（20）用套筒扳手对角分几次逐渐上紧缸头螺母。

（21）安上导风罩旋紧两个固定螺母。

（22）将火花塞连同垫圈用手拧入火花塞孔。

（23）拔出进气阀栏孔内的螺丝，装回化油器，拧紧螺栓。

（24）用勾扳手勾住启动轮，用套筒手顺时针方向拧固定启动轮的空心螺母（该螺母为反牙螺母），取下启动轮。

（25）卸下固定磁电机罩的4个或两个螺钉，取下磁电机罩。

（26）检查断电触点，如有烧蚀或氧化层，用00号纱布打磨平，然后用干净汽油清洗干净。

（27）给油毡加1～2滴机油后装回飞轮。

（28）从飞轮检孔检查断电器间隙和点火提前角，如不合适则进行调整至合适为止。

（29）装上磁电机罩，旋上固定螺钉。

（30）将启动轮凸起部分对准飞轮凹槽，装上启动轮，反时针方向紧固定的空心螺母。

（31）用套筒扳手拧紧火花塞，并接上高压导线。

（32）按拆卸相反顺序装回药械部分。

（三）拆装注意事项

（1）全机大部分是轻铝合金或薄膜结构，螺钉和螺母尺寸较小，拆装时不宜用力过大，防止丝扣损坏。

（2）机体与药箱接触处，如无渗漏，可不必拆卸。

（3）拆装离心风机周围 12 个螺钉时，应均匀对角旋松或旋紧。以避免溢扣，旋紧前应先用手将 12 个螺钉全部顺利地旋进丝扣里后再用螺丝刀旋紧。

（4）减振胶柱两端螺母不得旋之过紧，以免拉坏胶柱。

（四）油门和粉门开关的调整

1. 油门调整

（1）启动汽油机。

（2）带汽油机低速转动约 5 min 后，将汽门手柄操纵杆提升到头，然后用转速表测汽油机转速是否够 5 000 r/min。

（3）若超过 5 000 r/min 时或转速不够 5 000 r/min 时，调整油门拉杆上的一只 M4 螺母位置。

2. 粉门调整

（1）卸下粉门摇杆与粉门轴摇臂项链的 $\phi 1.0 \times 0.1$ 开口销，将拉杆与摇臂脱开。

（2）用手扳动粉门轴摇臂，使粉门挡板与粉门关严。

（3）将粉门操纵手柄放在最低位置，然后调节拉杆长度（顺时针转动即缩短；反时针转动为伸长），是拉杆上头横轴插入粉门摇臂孔中，最后用 $\phi 1.0$ 开口销销住。

三、实验组织

每班分四个小组，在教师指导下认真进行操作实习。

四、实验设备

3WF-18 型背负式弥雾喷粉机、油盆、刷子、随机工具，00 号纱布、感应式转速计、锯片、汽油、机油、黄油、煤油、塑料布、混油筒、水桶。

五、课外作业

简述 3WF-18 型背负式弥雾喷粉机保养内容。

实验十

动力植保机械的故障分析及排除

一、目的要求

1. 了解动力植保机械产生故障后所表现的现象。

2. 掌握常见故障的分析和排除方法。

二、结合实际观察故障现象

1. 发动机产生故障后所表现的主要现象

（1）做功反常：启动困难或根本无法启动，转速提不高或启动着火 1～2 min 就自动停车，转速忽高忽低，工作中突然自动停车，燃油消耗量过大。

（2）声音反常：金属敲击声，放炮声，吹哨声、无点火爆炸声或点火的爆炸声不能连续，运转声沉重或忽高忽低，转运中突然出现放炮声后转速下降，不能连续点火或自行熄火。

（3）外观反常：消音器发红、排黑油，冒黑烟（汽缸和曲轴箱漏气），油路漏油或堵塞，化油器反喷，高压线脱落，高压线一端距机体 4～5 mm 拉动启动轮时无火花或火花发红。

（4）温度反常：发动机过热。

（5）气味反常：臭味、焦味、烟味。

（6）触电反常：漏电产生的麻手，压缩差，卡缸，螺钉和螺母松动，转动启动轮时手摸高压线一端麻手。

2. 药械部分的主要故障现象

（1）做功反常：喷粉量、弥雾量、喷雾量减少或不出药，出粉量不均匀，忽多忽少，雾滴变粗，出雾忽多忽少。

（2）声音反常：风机内有摩擦声。

（3）外观反常：药箱、开关阀、输液管接头或喷口漏药，粉门关闭或不严密或不能全开。背负式弥雾喷粉机的药漏进风机，滤网破损，超低量喷雾机齿盘损坏。

（4）气味反常：有浓的农药味。

（5）触动反常：开关阀不灵活，粉门不灵活，风机内叶轮变形卡住而转不动或转动费力，齿盘组件转动不灵活。

三、根据故障现象进行分析，找出原因

（1）弄清故障的迹象和可能发生的部位。

（2）根据迹象，结合汽油机和药械的构造、工作原理，从简到繁，由表及里，按系分段，有步骤地分清主次地逐步检查分析。

（3）先从最可能的原因去找，汽油机从燃料、点火、压缩这三个方面先检查。药械部分堵塞应先从开关阀，喷嘴部分检查。

（4）上述检查未能找出故障，然后按可能性较少的、少见的原因去找。

（5）找出故障所在的系统，然后按一定次序推理检查，找出原因。

四、针对故障的原因进行检修

（1）先看清楚故障零件与植保机械的连接方式，然后拆下故障零件。

（2）对故障零件进行清洗（电器元件不可清洗）。然后检查测量分析，如超过磨损极限或无法修理的，应更换新配件。

（3）将检修后检查合格的零件装回植保机械。

（4）启动机具进行作业，观察作业是否正常。

（5）调整机器到正常作业为止。

五、实验组织

一个班分两个组在教师启发下，仔细观察故障，认真进行检查分析找出原因，给予排除，调试到机器能正常作业为止。

六、实验设备

3WF-18 型背负式弥雾喷粉机、3WF-3 型植保多用机、电子转速表、随机工具、00 号纱布、油盆、塑料布、汽油、水桶、漏斗、滑石粉，部分更换用的零件。

七、课外作业

如何正确迅速地排除故障。

参考文献

［1］王荣．植保机械学［M］．北京：机械工业出版社，1990.

［2］屠豫钦．药使用技术图解——技术决策［M］．北京：中国农业出版社，2004.

［3］屠豫钦，李秉礼．农药应用工艺学导论［M］．北京：化学工业出版社，2006.

［4］何雄奎，刘亚佳．农业机械化［M］．北京：化学工业出版社，2006.

［5］郑加强，周宏平，徐幼林．农药精确使用技术［M］．北京：科学出版社，2006.

［6］屠豫钦．化学防治技术研究进展［M］．乌鲁木齐：新疆科技卫生出版社，1992.

［7］马修斯．农药使用技术［M］．北京：化学工业出版社，1982.

［8］屠豫钦．农药剂型和制剂与农药的剂量传递［J］．农药学学报，1999，1(1):1-6.

［9］袁会珠．农药使用技术指南［M］．北京：化学工业出版社，2004.

［10］王忠群．植保机具选购使用与维修［M］．北京：中国农业出版社,1998.

［11］戴奋奋，袁会珠．植保机械与施药技术规范化［M］．北京：中国农业科学技术出版社，2002.

［12］梅光月．热烟雾机应用优势综述［J］．植保机械与清洗机械动态，1998(3)：1-4.

［13］刘步林．农药剂型加工技术［M］．2 版．北京：化学工业出版社，1998.

［14］汤伯敏，林光武，高崇义，等．二相流喷雾技术的研究农业工程学报，2001，17(5)：69-62.

［15］汤伯敏，梁建．内燃机驱动常温烟雾机及其施药技术［J］．中国农机化，

2006(6)：58-60.

［16］尚言．手动喷雾器低量喷洒技术的研究开发和推广应用［M］．北京:化学工业出版社，1982.

［17］朱金文，吴慧明，柒国念．雾滴大小与施药液量对草甘膦在空心莲子草叶片沉积的影响［J］．农药学学报，2004,6(1)：31-35.

［18］屠像钦，林志明，张金玉．水稻田农药使用技术研究雾滴在稻叶上的沉积特性——叶尖优势［J］．植物保护学报，(3)：189-196.

［19］朱金文，吴慧明，孙立峰，等．叶片倾角、雾滴大小与施药液量对毒死蜱在水稻植株沉积的影响［J］．植物保护报 ,2004,31(3):26-263.

［20］朱金文，石江，朱国念，等，雾滴直径与施药液量对毒死蜱在甘蓝叶片上沉积的影响［J］．中国蔬菜，2003(6)：3-5.

［21］傅泽田，祁力钧，王秀．农药喷施技术的优化［M］．北京：中国农业科学技术出版社，2002.

［22］祁力钧，傅泽田．风助式喷雾器雾滴在果树上的分布［J］．农业工程学报，1998，14(3)：135-139.

［23］祁力钧，傅泽田．不同喷嘴飘移性能的实验室测定［J］．中国农业大学学报，1997，2(6):49-52.

［24］舒朝然，熊惠龙．静电喷药技术应用研究的现状与发展［J］．沈阳农业大学学报，2002，33(3)：211-214.

［25］余泳昌，王保华．静电喷雾技术综述［J］．农业与技术，2004,24(4):190-193.

［26］Matthews G A. Pesticide Application Methods [M]. 3rd Edition. Malden: Blackwell Science Ltd, 2000.

［27］Morton N. The wind. Leaf orientation and UI V spray coverage on curtton plants [J]. FAO Plant Protection Bulletin, 1977, 25:29-37.

［28］Matthewa G A. Pestidce application methods [A]. Longman Group Ltd, 1979.

［29］Andrieu N. Genet J L.Jaworska G. Behaviour of famoxadone deposits on grape Leaves [J]. Pest Management Science, 2000, 56(12):1 036-1 042.

［30］Knoehe M. Effect of droplet size and carrier volume on performance of foliageapplied Herbicides [J].Corp Protection, 1994, 12(3):163-178.

［31］Collins R T, Helling C S. Surfactant-enhanced control of two Erythroxylum species by glyphoseatc [J]. Weed Technology, 2002(16):851-859.

［32］Bellinder R R, Arsenovic M, Shah D A, et al. Effect of weed growth stage and adjuvant on the efficacy fomesafen and bentazon [J]. Weed Science, 2003(51):1 016-1 021.

[33] Holloway P J. Butler Ellis M C, Webb D A. et al. Effect of some agricultural tank-mix adjuvants on the deposition efficiency of aqueous sprays on foliage [J].Crop Protection, 2000(19):27-37.

[34] Ramadale B C, Messersmith C G. Nalewafa J D. Spray volume formulation, ammonium sulfate, and nozzle effects on glyphosate efficacy [J]. Weed Technology, 2003(17):589-598.

[35] Woznica Z, Nalewaja J D, Messersmith C G. et al. Quinclorac efficacy as affected by adouvants and spray carrier water [J]. Weed Technology, 2003, (17):582-588.

[36] Chaehalis D, Reddy K N, Elmore C D. Characterization of leaf surface. Wax composition and control of redvine and trumpetereeper with glyphosate [J]. Weed Science, 2001, 49(2):156-163.

[37] Banks P A, Schroeder J. Carrier volume affects herbicide activity in simulated spray drift studies [J]. Weed Technology, 2002(16):833-837.

[38] Cross J V, Berrie A M, Murray R A. Effectof drop size end spray volume on deposite and efficacy of strawberry spraying [J]. Aspects of Applied Biology, 2000(57):313-320.

[39] Cunningham G P, Harden Reducing spray volumes applied to mature citrus trees [J]. Crop Protection, 1998, 17(4):289-292.

[40] Balsari P, Marucco P, Bateman R P. Influence of canopy paratneters on spray drift in vineyard [J]. Aspects of Applied Biology, 2004, 71(1):157-164.

[41] Himel C M. The optimum size for insect spray droplets [J]. American Society Agricultural Engineer, 1989(62):919-925.

[42] Tian L, Raid J F, Hummel J W. Developmet of a precision sprayer for sire-specific weed management [J]. American Society Agricultural Engineer, 1999, 42(4): 893-900.

[43] Peterson D L, Hogmire H W. Evaluation of tunnel sprayer systems for dwarf fruit trees [J]. Transaclion of the ASAE, 1995, 11, (6):817-821.